AF253845

NOUVELLE ARITHMÉTIQUE

ÉLÉMENTAIRE

théorique-pratique, à l'usage des écoles primaires
des villes et des campagnes,

PAR Augustin ALLION, (DE St.-Amand),

ancien élève de l'Ecole normale de Douai, Directeur de l'École
publique mutuelle communale de Condé-sur-l'Escaut;

ET PAR Victoire JULLION,

Directrice de l'Ecole primaire communale des filles de la même ville.

PREMIER CAHIER

renfermant 26 questions théoriques, 500 exercices
de calcul et 332 problèmes sur l'addition
des nombres entiers.

ANZIN,

IMPRIMERIE DE BOUCHER-MOREAU.

1854.

Cet Ouvrage se vend :

Chez MM. MAILLY-RINGUET,
BOURGEOIS,
à Avesnes.

LEFORT,
VANACKÈRE,
BÉGHIN,
à Lille.

CERET-CARPENTIER,
AD. OBEZ,
LEMALE,
LAFOSCADE,
à Douai.

SIMON, à Cambrai.

GALLIÉQUE-JULLION, à CLARY.

LUTON,
A. DORIGNY,
à Reims.

BOUCHER-MOREAU, à Anzin.

ALKER, à Saint-Amand.

Et chez les auteurs, à Condé (Nord).

Anzin, impr. de Boucher-Moreau.

PRÉFACE.

Nous ne présenterons pas ici de considérations générales sur l'arithmétique : ce ne serait que répéter le préambule de presque tous les traités qu'on a publiés sur cette science.

L'ouvrage que nous offrons au public est le fruit de nos recherches et d'une expérience de seize années. Voués par goût et par état à la carrière de l'enseignement public, nous avons dû examiner avec soin les divers ouvrages qu'on met entre les mains des élèves, et nous avons eu souvent l'occasion d'éprouver combien la plupart des arithmétiques sont loin d'atteindre le but qu'on doit se proposer : les unes, trop étendues, sortent de la classe des livres élémentaires, autant par leur prix élevé que par la nature des matières qu'on y traite ; les autres, trop succintes, ne donnent souvent que des règles qui manquent de tous les développements nécessaires pour les faire comprendre.

Un autre fait constant et qui chaque jour se vérifie, c'est qu'un grand nombre de jeunes élèves possédant parfaitement tous les principes fondamentaux des diverses opérations de l'arithmétique et la manière d'effectuer séparément chacune d'elles, se trouvent tout-à-coup embarrassés et incapables, lorsqu'ils ont à résoudre le plus simple problème. Le manque d'habitude du calcul et le peu d'occasions qui leur sont offertes pour s'exercer à la solution des problèmes sont indubitablement la cause réelle de leur faiblesse et de leur peu d'aptitude.

Comme on le voit, l'étude de l'arithmétique comprend trois choses entièrement distinctes et également indispensables, ce sont : 1o *une théorie simple et méthodique ;* 2o *la pratique des opérations du calcul ;* 3o *l'application de l'arithmétique aux usages de la vie.*

Tout est nouveau pour l'élève qui entre dans une école primaire, et si on lui met entre les mains un ouvrage trop élevé, il (elle) sera bientôt rebuté (e), et n'essaiera pas même d'étudier une chose tout-à-fait inintelligible. C'est pour ces motifs qu'un traité destiné aux jeunes élèves doit être simple, clair, méthodique et accessible aux intelligences les moins développées.

En second lieu, la pratique du calcul ne peut s'acquérir que par une répétition fréquente des mêmes opérations; c'est aussi par l'habitude de résoudre de petits problèmes qu'on arrive à un habile maniement des chiffres, et qu'on peut en apprécier toute l'utilité.

Dans l'intention de remédier aux divers inconvénients que nous venons d'énumérer, nous avons composé cette *Nouvelle Arithmétique élémentaire théorique-pratique, à l'usage des écoles primaires des villes et des campagnes,* dans laquelle nous avons inséré un grand nombre d'exercices et de problèmes. Pour la composer, nous nous sommes servis des ouvrages les plus connus; on peut nous REVENDIQUER TOUT, excepté le classement des matériaux mis à notre disposition.

Les exercices sur les éléments de certaines opérations ont été multipliés plus qu'ils ne le sont généralement dans les recueils de ce genre, et disposés de manière à présenter toutes les variétés de combinaisons de chiffres qui peuvent embarrasser dans la pratique, en même temps qu'ils offrent une gradation tout-à-fait insensible.

Quant aux problèmes, nous n'avons pas craint de les multiplier : l'expérience nous a prouvé qu'en cela, la quantité est une bonne qualité. Nous nous sommes rappelé aussi que, pour ne pas décourager les jeunes élèves, il faut toujours rester dans les limites de leur intelligence, et c'est à quoi nous nous sommes spécialement attachés.

Nous nous sommes surtout appliqués à rédiger les énoncés de manière qu'ils présentent des problèmes amusants; d'abord parce que nous écrivons pour les jeunes gens, et ensuite parce que nous croyons cette méthode préférable, en ce que la question présentant par elle-même une sorte d'intérêt, l'élève en saisit plus facilement le sens, et l'on sait que, pour bien résoudre une question, le principal est de la bien comprendre.

La méthode à suivre dans une école, quelque nombreuse qu'elle soit, est de faire calculer ou résoudre, chaque jour, dix exercices ou problèmes, sur un cahier à cela seul destiné, présentant le numéro d'ordre de l'exercice ou du problème à résoudre, et au-dessous les opérations nécessaires pour arriver à la solution. Un moniteur sera chargé des corrections au tableau ; il aura le livret des solutions.

Il est essentiel qu'avant de passer aux exercices de calcul, les élèves étudient et comprennent bien les définitions et les raisonnements qui concernent la règle qui doit être appliquée; car les explications indiquant la marche qu'il faut suivre, et s'oubliant difficilement lorsqu'elles sont bien saisies, deviennent des principes sûrs pour toutes les opérations dont elles sont la base fondamentale.

Il est bon aussi de faire remarquer aux élèves qu'ils ne doivent résoudre que les questions relatives aux opérations qu'ils savent bien exécuter mécaniquement, et seulement lorsque le maître s'en sera assuré et qu'il leur aura permis de le faire.

A l'aide de notre *méthode pratique*, 150 élèves pendant une séance d'une heure, (et c'est le moins que l'on puisse consacrer à l'étude des mathématiques), recevront une bonne leçon d'arithmétique où ils s'instruiront en se divertissant : car elle met sans cesse les enfants en rapport avec eux-mêmes ; elle les oblige à des devoirs réciproques, et les rend étrangers à la dissipation ; elle les habitue au travail par la connaissance qu'ils acquièrent tous les jours par les progrès qu'ils font ; enfin, elle leur fait contracter la bonne habitude de raisonner leurs devoirs et les empêche d'être des *arithmomètres* (machines à calculer).

Le maître trouvera dans cet ouvrage un guide certain qui lui fera gagner beaucoup de temps, puisque les devoirs sont préparés pour tous les jours. Nous le publions donc avec confiance. Puisse le témoignage de nos honorables collègues, achever de nous convaincre que nous avons entrepris une œuvre utile ! Ce sera notre plus douce récompense.

Condé (Nord), *le* 1er *juin* 1854.

A. Allion (de St.-Amand), & V. Jullion.

Procédé pratique pour apprendre la Numération.

A l'aide de la deuxième partie, les élèves pourront apprendre à énoncer et à écrire tous les nombres entiers. Pour cela, le maître ou le moniteur exercera les enfants sur les nombres qui composent la série **A**, jusqu'à ce qu'ils les expriment impertubablement.

Le moniteur emploiera le même procédé à chacune des séries **B**, **C**, **D**, etc., et bientôt l'instituteur verra que les jeunes gens seront capables d'écrire, sans la moindre hésitation, le nombre entier quelconque qui leur sera proposé.

Nota. — Dans la partie théorique, le texte présente deux sortes de caractères. Le plus gros, destiné à être appris de mémoire par les jeunes gens (*), est consacré aux définitions, aux propositions et aux règles ; le petit caractère renferme les développements et les éclaircissements nécessaires, mais dont il est inutile de surcharger la mémoire des jeunes élèves et qu'il leur suffit de lire attentivement.

(*) Cette méthode est arbitraire, sans doute. Mais il nous semble que c'est le vrai moyen de bien graver dans les jeunes esprits des préceptes dont ils doivent avoir besoin toute leur vie. C'est dans la même intention qu'on fait apprendre aux enfants le catéchisme, la grammaire, etc., et jusqu'aux préceptes de la rhétorique. D'ailleurs, nous avons mis le plus grand soin à éliminer des réponses tout ce qui pourrait paraître abstrait ou obscur.

TABLE D'ADDITION
qu'il faut apprendre de mémoire.

1 et 1 font 2	4 et 1 font 5	7 et 1 font 8
1 2 3	4 2 6	7 2 9
1 3 4	4 3 7	7 3 10
1 4 5	4 4 8	7 4 11
1 5 6	4 5 9	7 5 12
1 6 7	4 6 10	7 6 13
1 7 8	4 7 11	7 7 14
1 8 9	4 8 12	7 8 15
1 9 10	4 9 13	7 9 16

2 et 1 font 3	5 et 1 font 6	8 et 1 font 9
2 2 4	5 2 7	8 2 10
2 3 5	5 3 8	8 3 11
2 4 6	5 4 9	8 4 12
2 5 7	5 5 10	8 5 13
2 6 8	5 6 11	8 6 14
2 7 9	5 7 12	8 7 15
2 8 10	5 8 13	8 8 16
2 9 11	5 9 14	8 9 17

3 et 1 font 4	6 et 1 font 7	9 et 1 font 10
3 2 5	6 2 8	9 2 11
3 3 6	6 3 9	9 3 12
3 4 7	6 4 10	9 4 13
3 5 8	6 5 11	9 5 14
3 6 9	6 6 12	9 6 15
3 7 10	6 7 13	9 7 16
3 8 11	6 8 14	9 8 17
3 9 12	6 9 15	9 9 18

PREMIER CAHIER.

De l'addition des nombres entiers.

Ce cahier se divise en trois parties :
Première partie, — THÉORIE DE L'ADDITION.
Deuxième partie, — EXERCICES DE CALCUL.
Troisième partie, — APPLICATIONS OU PROBLÈMES.

PREMIÈRE PARTIE.

Théorie de l'Addition.

Cette première partie se subdivise en cinq chapitres :

CHAPITRE Ier. — *Définition et signe de l'addition.*

CHAP. II. — *Addition des nombres entiers.*

CHAP. III. — *Règle de l'addition.*

CHAP. IV. — *Moyen d'abréger l'addition.*

CHAP. V. — *Preuves de l'addition.*

CHAPITRE Ier.

Définition et signe de l'addition.

1. L'addition est une opération qui a pour but, étant donnés deux ou plusieurs nombres de la même espèce, de former un nouveau nombre qui contienne à lui seul précisément autant d'unités qu'il y en a dans ces divers nombres considérés séparément. — Le résultat de l'addition s'appelle *somme* ou *total*.

2. Je ne peux additionner ou ajouter que des objets et des unités de même espèce, c'est-à-dire de même nom. Ainsi, j'additionnerai des mètres avec des mètres, des pommes avec des pommes, des francs avec des francs, des heures avec des heures ; mais je ne pourrais additionner des mètres avec des francs, ni des hommes avec des arbres, ni des litres avec des ares, etc.

3. Pour indiquer que plusieurs nombres doivent être ajoutés, je les sépare par une petite croix droite (+), qui signifie *plus*. Ainsi 3 + 6 indique que le nombre 6 doit être ajouté au nombre 3.

4. Quand je veux marquer que deux quantités sont égales entre elles, je les sépare par deux traits parallèles (=) et ce signe se lit *égale*. — Exemple : 3 + 6 = 9 ; 8 + 5 = 13.

CHAPITRE II.

Addition des nombres entiers.

5. Je répondrai à cette question : Paul a 8 billes,

Pierre en a 4; combien en ont-ils à eux d'eux ; par l'addition du nombre 4 au nombre 8.

Pour cela, je décompose le nombre 4 en ses unités, et, ajoutant successivement chacune d'elles, d'abord au nombre 8, et ensuite aux résultats obtenus, j'ai :

$$8 + 1 = 9; 9 + 1 = 10; 10 + 1 = 11; 11 + 1 = 12 ; \text{ou enfin}, 8 + 4 = 12.$$

Les deux ensemble ont donc **12** billes.

6. Pour être en état de faire une addition de plusieurs nombres composés, il suffit de savoir par cœur les sommes que donnent les neuf chiffres ajoutés deux à deux. Cela s'apprend dans la table d'addition.

(Un nombre est simple lorsqu'il ne renferme qu'un seul chiffre ; dans le cas contraire, il est composé.)

CHAPITRE III.

Règle de l'addition.

7. Pour faire l'addition de plusieurs nombres entiers composés de plusieurs chiffres, j'écris tous les nombres proposés les uns sous les autres, de manière que les unités de même ordre soient dans une même colonne verticale, c'est-à-dire les unités sous les unités, les dizaines sous les dizaines, les centaines sous les centaines, etc. ; puis je tire un trait sous le dernier nombre pour le séparer du total que je mettrai au-dessous.

8. Ensuite, je fais successivement la somme des chiffres de chaque colonne, en commençant par la première à droite.

9. Quand une colonne donne pour somme un

nombre qui ne dépasse pas 9, je l'écris tel que je le trouve sous la colonne qui l'a fourni.

10. Exemple : Additionner les nombres suivants : 11 + 22 + 33.

Opération :
11
22
33
———
66

L'opération étant ainsi disposée, j'additionne les chiffres de la première colonne à droite, en disant : 1 et 2 font 3, et 3 font 6 ; je pose 6. Passant à la seconde colonne, je dis : 1 et 2 font 3, et 3 font 6 ; je pose 6.

(Faire les exercices de la série A, 2e partie, page 16.)

11. Lorsque la somme d'une colonne surpasse 9, c'est-à-dire si elle doit être exprimée par deux ou plusieurs chiffres, elle contient des unités de son ordre et des unités de l'ordre supérieur, j'écris seulement les unités de son ordre, et je retiens (*dans la mémoire*) les unités de l'ordre supérieur pour les additionner avec celles du même ordre dans la colonne suivante.

12. Exemple : Soit à additionner les nombres 256, 368 et 223.

Opération :
256
368
223
———
847

Après avoir placé ces nombres, comme il est prescrit, je dis : (1re colonne) 6 et 8 font 14, et 3 font 17 ; je pose 7 et retiens 1. (2me colonne) 1 de retenue et 5 font 6, et 6 font 12, et 2 font 14 ; je pose 4 et retiens 1. (3me colonne), 1 de retenue et 2 font 3, et 3 font 6, et 2 font 8 ; je pose 8. — La somme demandée est donc 847.

(Faire les exercices de la série B, 2e partie, page 17.)

13. Quand une colonne donne pour somme un nombre exact d'unités de l'ordre supérieur, sans unités de son ordre, je place un zéro sous cette colonne et je joins les unités de l'ordre supérieur à celles du même ordre.

14. Exemple : Faire le total des nombres 542, 5'324, 2'453 et 681.

Opération : L'opération étant ainsi disposée, je dis :
542 (1re colonne), 2 et 4 font 6, et 3 font 9, et 1
5'324 font 10 ; je pose 0 et retiens 1. (2me colon-
2'453 ne), 1 de retenue et 4 font 5, et 2 font 7, et
681 5 font 12, et 8 font 20 ; je pose 0 et retiens
———— 2. (3me colonne), 2 de retenue et 5 font 7,
9'000 et 3 font 10, et 4 font 14, et 6 font 20 ; je
pose 0 et retiens 2. (4me colonne), 2 de retenue et 5
font 7, et 2 font 9 ; je pose 9. — Le total demandé
est donc 9'000.

(Faire les exercices de la série C, 2e partie, page 19.)

15. Si une colonne est entièrement composée de zéros, j'écris la retenue de la colonne précédente ; quand je n'ai pas de retenue à écrire, je pose 0.

16. Les élèves devront effectuer les opérations suivantes qui leur serviront à la fois d'exemples et d'exercices.

103	206	207	10	302	1'001
204	405	309	20	101	3'002
305	109	208	30	202	2'003
307	207	107	10	303	3'001
919	927	831	70	908	9'007

(Faire les exercices de la série D, 2e partie, page 21.)

17. Quand une colonne est composée de zéros et de chiffres significatifs, j'additionne seulement les chiffres significatifs.

18. Exemple : On demande la somme des nombres suivants : 104 fr., 260 fr., 306 fr. et 250 fr. ?

Opération :   Après avoir écrit les nombres comme
104 f.   il est prescrit, je dis : (1re colonne), 4
260   et 6 font 10 ; je pose 0 et retiens 1.
306   (2me colonne), 1 de retenue et 6 font
250   7, et 5 font 12 ; je pose 2 et retiens 1.
————   (3me colonne), 1 de retenue et 1 font 2,
Somme 920 f.   et 2 font 4, et 3 font 7, et 2 font 9 ; je
pose 9. — La somme demandée est donc 920 fr.
(Faire les exercices de la série E, 2e partie, page 23.)

19. Lorsque j'arrive à la dernière colonne à gauche, j'écris la somme des chiffres telle que je l'ai trouvée, et j'ai soin, si elle contient des unités de l'ordre supérieur, de les avancer d'un rang vers la gauche. — Le nombre qui se trouve ainsi écrit au-dessous du trait est le *total* ou la *somme* demandée.

20. Supposons qu'il s'agisse d'ajouter les quatre nombres suivants : 4'654 + 8'076, + 240 + 1'203.

Opération :   Après avoir placé les nombres les uns
4'654   sous les autres et tiré un trait sous le
8'076   dernier, je commence par la droite en di-
240   sant : (1re colonne), 4 et 6 font 10, et 3
1'203   font 13 ; je pose 3 et retiens 1. (2me colon-
————   ne), 1 et 5 font 6, et 7 font 13, et 4 font 17,
14'173   je pose 7 et retiens 1. (3me colonne), 1 et
6 font 7, et 2 font 9, et 2 font 11 ; je pose 1 et retiens 1.
(4me colonne), 1 et 4 font 5, et 8 font 13, et 1 font 14 ;
comme cette colonne est la dernière, je pose 4 et j'a-
vance 1. — La somme demandée est donc 14'173.
(Faire les exercices de la série F, 2e partie, page 25.)

CHAPITRE IV.

Moyen d'abréger l'addition.

21. Pour calculer le plus rapidement possible, dans une addition, je fais, sans parler, la somme des deux premiers chiffres de chaque colonne, puis le total de cette somme et du troisième chiffre et ainsi de suite. Je ne parle que pour énoncer ces sommes partielles, à mesure que je les forme par la pensée, et pour indiquer les retenues de dizaines.

22. Exemple : Faire le total des nombres 2'034 fr., 6'207 fr., 938 fr., 5'370 fr., et 53 fr.

Manière d'opérer :

Après avoir écrit les nombres comme il est prescrit, je dis, sur la première colonne à droite, 11, —

2.034
6'207
938
5'370
53

14'602

19, — 22, au lieu de dire 4 et 7 font 11, et 8 font 19, et 3 font 22, ce qui allonge beaucoup. Ayant dit 22, j'écris 2 sous la première colonne, et je prononce les mots retiens 2. Puis j'agis pour la deuxième colonne comme pour la première, en disant : 5, — 8, — 15, — 20; retiens 2. Enfin, je continue de la même manière, jusqu'à ce que j'aie formé le total de la dernière colonne à gauche.
(Faire les exercices de la série G, 2e partie, page 27.)

CHAPITRE V.

Preuves de l'addition.

Je peux faire la preuve de l'addition de différentes manières par des additions.

23. *Première manière :* Je sépare, par un trait, le premier nombre du deuxième, je fais la somme de tous les autres, et j'ajoute à cette somme le nombre séparé. Si je trouve le même résultat que dans l'opération primitive, celle-ci est évidemment bonne.

24. Exemple : Faire le total des nombres 2'304 hommes, 1'503 h., 975 h., 290 h. et 268 hommes.

Solution : Il est évident qu'il s'agit de réunir les cinq nombres proposés en un seul.

	Nombre séparé	2'304
Addition :		
2'304 hommes.		
1'503		1'503
975		975
290		290
268		268
5'340	Somme des nombres restants	3'036
	Nombre séparé............	2'304
	Somme égale	5'340

(Faire les exercices de la série H, 2e partie, page 30.)

25. *Deuxième manière :* Je fais l'opération dans le sens contraire, c'est-à-dire, je compte chaque colonne de bas en haut, si elle a été effectuée d'abord de haut en bas ; dans le cas où les résultats obtenus sont identiquement les mêmes, je suis certain que l'opération avait été primitivement bien faite.

26. Exemple : On désire savoir si l'addition ci-dessous est bonne :

2'034   Pour vérifier le résultat 14'602, je fais d'a-
6'207   bord la somme des chiffres de la première
  938   colonne à droite, en commençant par le bas
5'370   et en allant vers le haut. Je dis donc 11, —
   53   18, — 22, ce qui me fait retrouver le 2 du total.
——————   Ajoutant la retenue 2 au dernier chiffre 5 de
14'602   la deuxième colonne, je dis : 7, — 14, — 17,
— 20, ce qui me donne le 0 du total. Passant à la
troisième colonne, je dis : 5, — 14, — 16, ce qui re-
produit le 6. Enfin, pour la quatrième colonne, je
dis : 6, — 12, — 14 : et je regarde la première opération comme juste, puisque la deuxième a redonné
tous les chiffres du total précédemment obtenu.
(Faire les exercices de la série I, 2e partie, page 32.)

DEUXIÈME PARTIE.

Exercices de Calcul.

Cette deuxième partie se subdivise en neuf séries.

SÉRIE A.

Exercices sur le § 9.

ADDITIONS SIMPLES SANS RETENUES.

1	2	3	4	5	6	7	8
11	12	13	14	15	16	17	18
12	13	14	15	13	11	12	11

9	10	11	12	13	14	15	16
21	22	23	24	25	26	27	28
12	12	13	14	13	13	11	11

17	18	19	20	21	22	23	24
31	32	33	34	35	36	37	41
14	17	16	14	13	13	12	17

25	26	27	28	29	30	31	32
42	43	44	45	46	47	48	51
16	12	13	14	13	22	21	22

33	34	35	36	37	38	39	40
52	53	54	55	56	57	61	62
23	24	25	24	23	21	18	21

41	42	43	44	45	46	47	48
63	64	65	66	67	71	72	73
22	23	24	22	21	23	14	24

49	50	51	52	53	54	55	56
74	75	76	77	78	81	82	83
21	23	13	12	21	17	14	16

57	58	59	60
84	85	86	87
13	11	13	11

SÉRIE B.

Exercices sur le § 11.

ADDITIONS SIMPLES AVEC RETENUES.

61	62	63	64	65	66	67	68
85	37	64	46	98	95	78	89
94	84	75	73	111	116	114	114
112	115	117	118	122	124	125	126

69	70	71	72	73	74	75	76
48	48	78	94	88	73	74	56
57	76	120	128	124	95	88	87
129	132	134	137	139	147	159	169

77	78	79	80	81	82	83	84
47	39	84	95	87	118	145	129
98	93	97	127	176	135	158	186
176	185	198	213	218	223	234	238

85	86	87	88	89	90	91	92
94	76	37	159	127	187	185	175
138	147	156	184	278	198	218	298
247	258	264	275	281	283	293	314

93	94	95	96	97	98	99	100
123	127	164	187	174	136	125	182
278	249	246	246	295	247	287	273
316	321	328	335	346	358	362	364

101	102	103	104	105	106	107	108
164	179	137	164	114	227	169	189
258	268	219	257	239	348	298	264
375	384	391	412	418	423	432	435

109	110	111	112	113	114	115	116
199	198	178	124	129	74	129	168
287	222	279	249	218	398	231	249
435	444	456	465	476	483	495	512

117	118	119	120	121	122	123	124
134	196	189	187	178	136	175	179
338	237	238	238	222	247	234	218
519	528	532	543	555	564	568	574

125	126
189	176
217	218
592	584

SÉRIE C.

Exercices sur le § 13.

ADDITIONS SIMPLES AVEC RETENUES

127	128	129	130	131	132
479	366	254	334	583	291
595	587	575	578	624	575
612	623	637	645	657	666
1'114	1'124	1'134	1'143	1'156	1'168

133	134	135	136	137	138
548	548	574	383	359	346
673	568	697	675	687	675
684	695	715	723	738	743
1'175	1'189	1'194	1'219	1'225	1'236

139	140	141	142	143	144
589	145	589	529	786	248
758	763	777	784	794	673
848	842	1'174	1'222	1'135	785
1'245	1'259	1'265	1'273	1'285	1'294

145	146	147	148	149	150
683	649	358	569	632	856
793	817	829	836	847	1'143
1'269	1'278	1'235	1'254	1'265	1'274
1'315	1'326	1'338	1'347	1'354	1'367

151	152	153	154	155	156
867	875	373	574	479	394
1'113	1'213	764	895	915	927
1'254	1'328	887	1'117	1'253	1'252
1'375	1'384	1'396	1'416	1'423	1'435

157	158	159	160	161	162
278	118	313	135	976	174
937	945	956	965	1'147	985
1'342	1'289	1'275	1'387	1'353	1'248
1'543	1'556	1'564	1'573	1'584	1'597

163	164	165	166	167	168
416	791	756	874	688	876
998	897	987	1'218	794	957
1'375	1'284	1'425	1'273	865	1'269
1'617	1'628	1'634	1'645	1'657	1'668

169	170	171	172	173	174
674	678	498	568	697	417
796	765	565	1'254	899	826
857	1'543	1'226	1'486	1'584	1'528
1'673	1'684	1'717	1'697	1'728	1'735

175	176	177	178	179	180
796	657	694	635	636	798
987	879	946	876	849	859
1'264	1'586	1'298	1'764	1'727	1'231
1'743	1'758	1'765	1'789	1'795	1'812

181	182	183	184	185	186
695	752	927	747	694	583
953	895	1'298	956	928	765
1'378	1'512	1'782	1'632	1'383	1'478
1'824	1'848	1'853	1'865	1'875	1'894

SÉRIE D.

Exercices sur le § 15.

ADDITIONS SIMPLES AVEC RETENUES.

187	188	189	190	191	192
700	306	870	840	1'209	830
600	807	1'480	960	1'307	920
1'400	1'408	1'520	1'350	1'506	1'740
1'900	1'901	1'910	1'930	2'104	2'110

193	194	195	196	197	198
900	705	907	1'680	1'400	706
1'200	907	1'209	1'750	2'100	803
1'800	1'506	1'705	2'140	2'200	1'209
2'200	2'208	2'208	2'230	2'300	2'304

199	200	201	202	203	204
510	1'200	907	950	1'200	206
1'460	1'300	1'108	1'320	1'700	1'204
1'780	1'500	1'603	1'860	1'800	1'307
2'350	2'400	2'406	2'470	2'500	2'501

205	206	207	208	209	210
1'490	700	505	1'820	1'300	805
1'950	1'300	909	2'190	1'800	907
2'270	2'400	1'801	2'340	2'400	1'206
2'540	2'600	2'604	2'650	2'700	2'708

211	212	213	214	215	216
1'280	600	304	950	1'300	709
1'640	1'700	708	1'250	1'800	903
2'350	2'300	1'209	1'970	2'700	1'305
2'760	2'800	2'807	2'830	2'900	2'907

217	218	219	220	221	222
1'420	1'300	1'401	920	730	740
2'240	1'500	1'705	1'240	950	960
2'380	2'800	2'606	1'530	1'360	1'370
2'960	3'100	3'108	3'110	3'120	3'130

223	224	225	226	227	228
650	490	600	900	708	1'309
960	2'780	800	1'800	906	2'506
1'280	2'820	1'500	2'300	1'804	2'907
3'140	3'160	3'200	3'200	3'201	3'208

229	230	231	232	233	234
400	300	290	1'240	1'200	306
1'200	1'900	870	1'920	1'600	1'207
1'500	2'700	1'430	2'780	2'800	2'109
3'300	3'300	3'310	3'330	3'400	3'408

235	236	237	238	239	240
1'820	400	705	540	300	1'204
2'160	1'800	1'407	1'780	1'500	1'407
2'270	2'600	2'606	2'120	2'800	2'305
3'450	3'500	3'508	3'560	3'700	3'709

241	242	243	244	245	246
860	400	103	380	200	303
1'390	1'200	1'201	1'260	1'500	1'504
2'210	2'600	2'308	2'440	2'700	2'401
3'740	3'800	3'805	3'820	3'900	3'902

SÉRIE E.

Exercices sur le § 17.

ADDITIONS SIMPLES AVEC RETENUES.

247	248	249	250	251	252
603	608	608	875	709	706
950	789	869	1'508	968	1'093
1'075	1'070	2'070	1'907	1'050	1'290
4'006	4'010	4'053	4'070	4'083	4'100

253	254	255	256	257	258
1'306	809	987	786	948	987
1'908	1'706	1'765	1'200	1'070	1'405
2'450	2'087	2'809	2'097	1'789	2'390
4'120	4'150	4'170	4'185	4'201	4'218

259	260	261	262	263	264
809	469	907	807	308	678
1'708	2'350	1'805	1'784	1'490	1'906
2'390	2'576	2'792	2'096	2'509	2'587
4'235	4'248	4'250	4'285	4'297	4'300

265	266	267	268	269	270
509	234	2'078	2'987	2'097	2'987
1'687	1'345	3'809	3'679	3'704	3'574
2'098	2'456	4'380	4'560	4'675	4'789
4'320	4'340	10'000	10'008	10'038	10'100

271	272	273	274	275	276
2'570	2'907	3'805	3'800	3'904	3'950
3'789	3'009	4'709	4'900	4'006	4'860
4'876	4'908	5'008	5'200	5'307	5'470
10'200	10'305	10'406	10'500	10'608	10'780

277	278	279	280	281	282
3˙978	3˙005	3˙908	3˙609	4˙962	3˙897
4˙865	4˙809	4˙509	4˙078	5˙875	5˙432
5˙670	5˙704	5˙807	5˙980	6˙543	6˙070
10˙807	10˙900	11˙000	11˙204	11˙300	11˙485

283	284	285	286	287	288
5˙097	6 543	5˙708	6˙504	7˙809	7˙604
6˙089	7˙654	6˙507	7˙409	8˙094	8˙709
7˙048	8˙007	7˙809	8˙906	9˙120	9˙308
12˙005	12˙345	12˙500	12˙807	13˙245	13˙405

289	290	291	292	293	294
7˙809	8˙970	8˙679	7˙600	8˙760	7˙098
8˙906	9˙809	9˙080	8˙900	9˙876	8˙706
9˙807	10˙234	10˙908	13˙000	13˙064	14˙807
14˙300	15˙423	16˙345	17˙200	18˙645	19˙740

295	296	297	298	299	300
6˙785	8˙098	8˙754	8˙764	8˙765	9˙706
7˙809	9˙750	9˙876	5˙983	9˙276	12˙809
15˙093	17˙863	16˙087	19˙806	17˙900	18˙708
20˙507	21˙004	22˙300	23˙540	24˙608	25˙400

301	302	303	304	305	306
8˙976	7˙609	7˙009	5˙098	9˙805	8˙795
13˙789	13˙456	9˙307	8˙765	17˙008	12˙304
17˙900	19˙238	16˙408	16˙908	24˙606	28˙907
26˙543	27˙630	28˙500	29˙431	30˙303	32˙600

SÉRIE F.

Exercices sur le § 19.

ADDITIONS SIMPLES AVEC RETENUES.

307	308	309	310	311	312
6'000	8'765	8'765	8'764	6'543	5'678
9'800	13'987	13'876	9'875	17'698	14'567
18'900	19'876	19'048	16'907	28'705	23'456
29'700	28'543	28'907	27'806	39'876	32'345
35'600	36'807	37'405	38'500	40'950	41'234

313	314	315	316	317	318
8'009	7'896	8'073	9'127	9'000	7'200
1'7008	18'921	16'785	15'643	15'000	18'900
29'007	27'604	28'094	21'876	20'700	27'600
38'006	35'987	34'907	32'904	38'900	34'500
42'005	43'210	45'008	46'532	47'200	48'300

319	320	321	322	323	324
8'765	14'320	18'600	16'000	17'342	17'654
15'809	26'760	21'000	27'087	25'874	28'765
21'903	32'980	34'700	35'806	36'905	39'876
37'008	45'800	42'900	43'291	43'456	42'987
52'674	53'000	54'300	56'432	56'789	57'043

325	326	327	328	329	330
17'341	8'708	15'700	7'890	20'500	23'546
23'008	29'000	24'900	23'083	31'400	34'218
31'876	31'600	37'800	30'904	45'900	43'567
42'980	42'309	45'600	45'806	53'600	56'800
57'123	58'700	58'300	59'107	60'200	62'345

331	332	333	334	335	336
12'900	13'578	21'753	20'074	23'230	18'018
35'765	32'600	37'085	32'897	38'038	20'820
42'074	40'786	43'906	45'975	49'009	37'037
57'809	51'908	59'864	54'003	50'892	55'555
63'245	64'083	65'000	66'789	67'300	68'123

337	338	339	340	341	342
27'433	17'895	20'807	13'902	36'780	34'009
31'854	24'004	40'709	37'006	45'670	42'987
43'900	36'900	50'000	54'348	54'560	58'745
51'084	45'678	60'906	68'753	63'450	64'567
68'507	69'300	70'405	71'567	72'340	73'854

343	344	345	346	347	348
35'070	23'565	26'789	34'769	31'456	36'700
48'650	39'084	35'678	45'898	42'378	43'000
53'760	56'897	52'567	56'543	56'784	57'900
62'980	64'732	63'456	68'754	67'895	65'800
74'000	75'643	76'543	77'400	78'543	79'300

349	350	351	352	353	354
45'897	49'521	42'002	48'235	47'652	49'707
58'900	54'763	56'897	51'864	58'408	58'308
64'640	67'097	65'753	62'079	64'309	67'805
73'073	78'908	73'408	75'683	75'604	76'904
80'706	81'234	82'345	83'907	84'700	85'201

355	356	357	358	359	360
48'007	43'568	48'200	47'023	50'004	47'070
57'403	58'904	59'400	54'078	60'005	65'084
63'608	64'785	65'700	65'086	70'006	76'069
74'809	71'896	79'800	78'095	80'007	87'045
86'706	87'432	88'300	89'054	90'008	91'023

361	362	363	364	365	366
50'003	59'876	57'809	53'678	55'667	59'276
63'789	65'008	65'670	64'583	64'700	60'387
79'237	76'803	74'098	71'490	78'950	76'408
84'806	87'912	82'876	82'307	83'764	84'569
92'700	93'245	94'125	95'235	96'543	97'654

SÉRIE G.

Exercices sur le § 21.

367	368	369	370	371
59'006	56'897	57'642	58'765	57'200
62'347	63'754	64'973	65'003	69'300
74'809	76'843	76'580	77'666	74'600
87'324	84'576	85'809	83'589	85'900
98'765	98'765	94'708	95'432	96'800
100'450	115'670	123'456	135'678	143'700

372	373	374	375	376
58'304	59'876	57'432	52'629	57'000
64,500	65'431	64'023	67'432	68'000
75'809	76'543	73'987	71'985	76'000
83'905	87'654	89'008	86'748	89'000
97'307	98'765	95'875	99'853	91'000
156'706	160'400	172'504	183'576	195'000

377	378	379	380	381
67'548	64'704	69'785	69'843	68'028
78'919	75'815	76'543	74'569	74'807
85'432	86'926	87'954	83'097	86'759
93'706	93'039	95'678	96'754	93'093
129'807	129'765	138'005	145'876	150'980
200'000	217'800	220'440	231'007	245'000

382	383	384	385	386
65'793	69'756	66'573	64'678	63'093
79'862	78'128	78'938	76'543	78'706
87'645	85'003	87'765	83'729	84'321
94'058	97'560	98'654	97'864	96'567
168'976	175'809	184'087	190'975	195'678
256'784	260'784	273'456	280'082	291'234

387	388	389	390	391
76'008	71'342	72'987	78'654	79'864
85'003	83'984	89'005	87'695	86'538
93'004	97'035	95'679	93'450	92'345
108'006	124'679	123'008	134'876	164'789
209'007	219'508	236'780	246'987	253'670
304'005	312'467	324'567	335'000	342'508

392	393	394	395	396
76'893	73'454	78'939	76'005	74'138
87'345	89'807	87'897	87'006	86'764
90'678	91'206	94'578	98'007	97'896
174'567	186'789	190'234	110'008	101'202
263'456	274'321	289'765	290'009	285'285
354'678	365'432	370'896	380'004	390'390

397	398	399	400	401
83'900	80'985	82'900	81'702	84'350
91'876	93'007	97'654	94'327	96'700
184'385	174'789	169'321	158'764	145'690
295'673	285'678	276'986	263'973	268'780
310'294	328'004	334'078	345'008	350'670
400'000	410'410	423'567	436'789	443'560

402	403	404	405	406
85'785	80'400	85'656	87'934	89'123
92'876	90'500	90'547	93'206	90'234
183'495	190'600	157'819	145'674	161'345
279'654	280'700	268'763	269'809	272'456
360'890	370'800	382'395	376'485	383'567
456'700	460'900	471'234	482'397	495'678

407	408	409	410	411
92'753	93'473	94'567	95'607	96'007
167'160	172'009	167'895	156'783	145'678
278'271	294'768	278'649	267'678	259'764
380'382	376'985	389'756	379'569	367'859
490'490	489'356	495'362	485'632	478'906
500'000	518'700	526'700	538'976	546'000

412	413	414	415	416
96'754	97'653	98'589	99'002	97'658
148'587	169'709	137'478	107'859	152'591
259'006	278'697	254'367	290'906	267'832
392'679	394'508	369'785	389'895	378'954
473'895	483'456	483'908	478'784	489'765
560'708	560'764	570'200	581'673	593'006

417	418	419	420	421
145'891	159'864	168'357	179'672	125'348
234'783	245'678	273'965	263'504	236'459
323'659	378'765	369'704	347'008	347'560
412'568	423'678	424'678	458'963	458'671
506'457	590'590	587'826	576'896	569'782
608'704	613'450	625'780	634'785	645'893

422	423	424	425	426
109'876	128'340	130'294	120'918	214'357
210'987	239'451	244'305	231'029	325'463
321'098	340'562	352'416	342'130	436'574
432'109	451'673	463'527	453'241	547'328
543'210	562'784	574'638	569'873	625'982
654'321	673'895	685'749	690'765	789'236

SÉRIE H.

Exercices sur le § 23.

FAIRE LES ADDITIONS SUIVANTES AVEC LEURS PREUVES.

427	428	429	430
438'180	653'574	738'123	809'235
583'279	708'309	803'987	986'387
692'924	867'897	967'432	1'817'568
706'805	956'786	1'234'567	2'928'674
895'768	1'235'695	2'345'678	3'004'506
1'007'893	2'000'000	3'456'789	4'567'893

431	432	433	434
809'742	1'000'987	2'475'200	3'671'000
1'061'473	2'034'564	3'950'700	4'563'000
2'172'584	3'700'953	4'580'300	5'875'000
3'204'695	4'906'208	5'763'800	6'957'000
4'985'008	5'468'397	6'540'900	7'586'000
5'063'437	6'135'780	7'104'000	8'264'000

435	436	437	438
4'321'098	5'897'600	6'900'600	7'400'600
5'432'109	6'543'200	7'654'900	8'709'300
6'420'753	7'348'900	8'976'500	9'800'700
7'531'864	8'765'400	9'000'700	15'600'500
8'654'321	9'456'700	10'681'820	29'000'750
9'123'456	10'200'600	20'560'700	30'342'820

439	440	441	442
7'500'000	8'750'003	17'200'300	21'900'000
8'789'000	19'500'007	23'400'200	39'800'000
18'615'000	24'700'004	38'900'600	45'700'000
29'780'000	37'000'009	45'800'500	54'600'000
35'600'000	48'670'008	54'700'900	68'500'000
41'234'000	53'450'006	67'600'800	73'400'000

443	444	445	446
38'100'000	48'700'000	57'057'057	52'438'167
47'200'000	52'000'900	64'000'098	63'549'276
54'900'000	67'000'200	75'750'075	74'650'385
65'400'000	75'000'600	84'840'840	85'975'461
78'700'000	84'000'300	98'980'980	98'764'123
86'300'000	93'000'100	100'100'100	123'456'789

447	448	449	450
50'012'004	53'659'012	56'000'324	57'005'700
61'234'016	67'870'234	64'538'725	64'578'100
73'456'238	72'980'345	78'906'039	78'100'500
84'567'345	84'361'987	85'793'642	86'900'300
95'678'456	96'783'000	97'004'006	91'000'700
134'000'567	145'560'708	152'300'607	165'784'900

451	452	453	454
57'400'000	52'000'400	54'000'000	68'543'210
69'300'000	64'000'300	68'000'000	73'730'073
72'900'000	78'000'900	75'000'000	80'080'800
83'200'000	89'000'700	89'000'000	97'097'097
98'700'000	91'000'200	92'000'000	120'120'120
176'800'000	183'000'100	197'000'000	200'450'000

455	456	457	458
65'873'924	63'234'096	68'000'700	69'100'004
73'900'876	78'345'107	79'000'900	77'400'009
89'780'700	87'456'218	83'000'500	82'300'007
97'321'654	90'567'329	95'000'300	94'500'008
194'600'900	125'678'430	154'000'200	167'800'005
218'007'421	236'789'541	243'000'600	256'700'003

459	460	461	462
60'020'038	68'002'800	69'200'003	68'003'009
71'030'049	79'003'900	75'800'007	74'006'003
82'040'050	80'004'000	87'300'009	89'007'005
93'050'061	91'005'100	98'800'006	90'008'007
154'060'072	162'006'200	173'900'000	185'004'009
265'070'083	273'007'300	284'000'004	296'005'004

463	464	465	466
78'900'300	75'302'109	73'730'073	76'500'600
86'300'200	83'403'201	87'087'087	84'700'900
93'200'400	98'504'302	95'604'805	95'900'700
184'500'600	176'605'403	189'300'580	193'600'300
295'600'700	209'706'504	250'980'700	287'300'200
300'400'500	310'807'605	321'000'640	332'400'500

467	468	469	470
79'000'400	71'200'300	72'104'000	70'070'070
84'000'600	85'300'500	86'205'000	80'080'080
95'000'700	96'600'600	98'307'000	90'090'090
178'000'300	183'100'700	175'704'000	160'060'060
263'000'200	275'700'900	283'406'000	250'050'050
342'000'100	354'900'100	360'360'000	370'070'070

SÉRIE I.

Exercices sur le § 25.

FAIRE LES ADDITIONS SUIVANTES AVEC LEURS PREUVES.

471	472	473	474
70'271'000	75'800'250	72'706'706	83'456'789
80'517'000	86'700'360	81'801'108	94'321'000
90'625'000	97'500'630	93'604'304	148'567'893
170'713'000	184'300'570	185'509'407	275'870'000
240'240'000	252'900'420	269'308'503	324'000'324
380'380'000	393'400'970	396'903'005	410'950'006

475	476	477	478
80,900'600	85'085'850	86'000'070	87'060'500
90'800'300	92'920'090	92'000'020	98'030'300
140'400'700	126'456'080	135'000'050	163'010'100
270'700'500	237'567'100	254'000'060	275'020'800
340'600'200	348'678'230	368'000'090	384'050'900
420'100'800	436'789'320	446'000'030	452'040'200

479	480	481	482
81'810'006	84'000'500	82'653'780	88'000'077
99'730'005	96'350'900	91'764'890	91'000'083
173'850'004	157'432'700	138'900'650	129'000'036
284'520'007	273'690'300	285'285'280	273'000'065
398'370'008	380'400'000	396'789'130	356'000'074
467'890'003	475'238'000	487'600'300	490'000'049

483	484	485	486
90'500'300	91'100'204	92'350'000	93'456'789
120'200'400	123'200'508	145'460'000	154'567'890
230'600'500	245'700'807	256'570'000	265'678'901
370'100'700	364'300'306	367'680'000	376'789'015
420'700'200	430'400'703	478'790'000	487'890'136
500'800'900	510'600'402	529'800'000	538'000'700

487	488	489	490
94'700'600	95'800'900	96'000'096	97'650'400
150'609'704	126'700'800	143'000'025	156'540'900
275'007'809	283'400'200	232'000'014	245'430'800
308'906'507	319'200'600	321'000'003	334'320'700
472'305'406	462'500'300	410'000'092	423'210'600
540'540'000	563'600'400	570'000'078	582'100'500

491	492	493	494
98'050'060	99'807'605	100'200'300	201'202'203
187'040'050	138'706'504	200'300'400	302'303'304
276'030'040	227'605'403	300'400'500	403'404'405
365'020'030	316'504'302	400'500'600	504'505'506
454'010'020	405'403'201	500'600'700	605'607'608
593'000'010	594'302'109	600'700'800	706'707'708

495	496	497	498
200'450'600	250'300'209	206'705'940	210'580'800
300'560'700	370'500'400	305'604'830	320'690'900
400'670'800	490'700'600	404'503'720	430'700'000
500'780'900	510'900'800	503'402'610	540'800'700
600'890'100	630'100'007	602'301'500	650'900'800
700'900'300	750'300'205	701'200'400	760'000'900

499	500
300'600'905	460'560'680
400'700'804	570'670'790
500'800'703	680'780'800
600'900'602	790'890'900
700'000'501	800'900'300
800'100'400	930'250'400

FIN DE LA DEUXIÈME PARTIE.

TROISIÈME PARTIE.

Applications ou Problèmes.

Cette troisième Partie se divise en 5 sections.

Ire SECTION CONTENANT 86 PROBLÈMES AYANT CHACUN DEUX NOMBRES.

1. — Un ouvrier s'est mis au travail à 5 heures du matin et l'a quitté 6 heures après. — On demande l'heure qu'il était?

2. — Deux villes sont sous le même méridien, l'une a 9 degrés au nord de l'équateur, et l'autre a 6 degrés au sud. — Quelle est la distance de ces deux villes en degrés?

3. — Un piéton part à 4 heures du matin pour se rendre dans sa commune : il lui faut 8 heures pour faire ce trajet. — On veut savoir à quelle heure il sera chez lui?

4. — Deux boulets pèsent : le premier 7 kilogr. et le second 9 kilogr. —Quel est leur poids ?

5. — Si maman voulait me donner 58 francs, mon argent serait presque doublé, il me manquerait seulement 7 francs. — Combien ai-je ?

6. — Prosper avait un certain nombre de billes, il en a perdu 13, il lui en reste encore 15. — Combien en avait-il ?

7. — Un père a 29 ans de plus que son fils, qui a 17 ans. — Quel est l'âge du père ?

8. — Octave a 18 ans, son père a 31 ans de plus que lui. — Quel âge a son père ?

9. —Zoé avait un certain nombre d'épingles; elle en a perdu 34, il lui en reste 32.— Combien en avait-elle ?

10. — Lorsque le fils, qui maintenant a 30 ans, est né, son père avait 35 ans et sa mère 19. — Quels sont les âges actuels du père et de la mère ?

11. Un chasseur a tué hier 6 lièvres, 25 perdrix et 9 cailles : aujourd'hui, il a tué 14 perdrix, 2 lièvres et 1 caille. — Combien a-t-il de pièces de gibier de chaque espèce ?

12. — Un ouvrier a reçu 37 francs; un second ouvrier 10 francs de plus que le premier; un troisième ouvrier autant que les deux premiers. — On désire savoir la somme que chacun d'eux a reçue ?

13. — On a deux cordes, l'une de 35 mètres de longueur, l'autre de 58 mètres.—On demande la longueur de ces deux cordes réunies ?

14. — On a retranché 58 d'un certain nombre, et l'on a eu 37 pour reste. — Quel est ce nombre ?

15. — Pour faucher une prairie, on a employé 5 ouvriers pendant 3 jours, et on leur a donné 27 fr. ; pour une autre, on a employé 8 ouvriers pendant 4 jours, et on leur a donné 50 francs. —1º Combien a-t-on employé d'ouvriers? 2° Combien ont-ils mis de jours? 3° Combien a coûté la fauchaison?

16. — Le père et le fils ont, le premier, 65 ans et le second 37. — Combien d'années ont-ils ensemble?

17. — Le laiton est fait avec deux parties de cuivre et une partie de zinc. — Combien peut-on faire de laiton avec 60 kilogr. de cuivre et 30 kilogr. de zinc?

18. — Un ouvrier a bêché, en 15 jours, 60 ares de terre pour 45 f.; en 9 jours, 37 ares pour 22 f. — On veut savoir: 1° combien il a mis de jours; 2° ce qu'il a fait d'ouvrage; 3° ce qu'il a touché d'argent?

19. — La seconde année de son commerce, un épicier a acheté 35 ares de terre; aujourd'hui, il en achète encore 85 ares à côté. — Quelle est l'étendue de son champ?

20. — Un courrier part de Paris par la route du Nord et fait 73 lieues en 24 heures; une diligence part à la même heure de Paris pour la route du Sud et fait 58 lieues. — On demande, au bout de ces 24 heures, à quelle distance le courrier se trouve de la diligence?

21. — On a retranché 75 d'un certain nombre, et l'on a eu 23 pour reste. — Quel est ce nombre?

22. — La différence de 2 nombres est 27; le plus petit est 91. — Quel est le plus grand? — Quelle est leur somme?

23. — On a retiré d'un tonneau 108 litres de vin, il en reste 87 litres. — Combien y en avait-il auparavant?

24. — Charles porte un ballot pesant 120 kilogr.; Pierre porte un ballot du même poids, plus 43 kilogr. — Quelle est la charge de Pierre?

25. — Un gobelet pèse 128 grammes, son couvercle pèse 73 grammes. — Combien pèsera le gobelet recouvert de son couvercle?

26. — Le métal des cloches s'obtient en fondant ensemble 11 parties d'étain et 38 parties de cuivre.—

Combien fera-t-on de ce métal avec 55 kilogr. d'étain et 195 kilogr. de cuivre?

27. — Le poids d'un cheval de force moyenne est de 250 kilogr.; le poids d'un cavalier ordinaire est de 65 kilogr.—On demande ce que doit peser un cheval monté par son cavalier?

28. — Un libraire a payé les ouvrages de Carnot 378 f.—Combien doit-il les revendre pour gagner 85 f.

29. —Un particulier possède un terrain fractionné en 2 lots : le premier de 450 ares et le deuxième de 48 ares. — Quelle est la superficie totale?

30. — Une caisse de marchandises coûte 687 fr.—Combien faut-il la vendre pour gagner 89 fr. ?

31. — Si mon père voulait me donner 1'854 francs, mon argent serait presque doublé; il me manquerait seulement 95 francs. — Combien ai-je?

32. — Deux ouvriers ont une conduite différente ; l'un travaille le lundi, l'autre trouve plus agréable de chômer ce jour-là. Celui qui travaille gagne tous les lundis 3 francs, ce qui pour l'année représente une somme de 156 francs, l'autre dépense tous les lundis 2 francs pour ses plaisirs, ce qui représente une somme de 104 francs. — Combien, à la fin de l'année, l'ouvrier laborieux a-t-il de plus que le dissipateur?

33. — Un marchand de volailles a eu, dans le colombier d'un château, 248 couples de jeunes pigeons, et dans celui d'une ferme, 337 autres couples. — Combien a-t-il eu de couples en tout ?

34. — De quel nombre faut-il ôter 528 pour avoir 435 à la différence?

35. —Siméon veut savoir quelle somme avait emprunté une personne qui a payé 345 francs et qui doit encore 845 francs?

36. — On a acheté une jument 950 francs, on la

change contre un cheval en donnant en retour 352 francs. — Combien coûte le cheval?

37. — Trois vignerons ont planté, avec leurs ouvriers, 926 échalas dans un jour, et 678 dans un autre. — Dites combien leur vigne a reçu d'échalas?

38. — Le partage de l'empire romain en empire d'Orient et en empire d'Occident eut lieu en 395 après J.-C.—Combien d'années après la fondation de Rome qui eut lieu 753 ans avant J.-C. ?

39. — L'empire d'Occident fut détruit par Odoacre en 476 après J.-C. ; combien d'années après la fondation de Rome?

40. — Sachant qu'il y a 524 kilomètres de Paris à Lyon, et 364 de Lyon à Montpellier, on demande quelle est la distance de Paris à Montpellier, en passant par Lyon?

41. — Dans une pièce de terre, qui contient 243 ares, un propriétaire mit 78 décalitres de blé, et dans une seconde, qui contient 325 ares, il mit 89 décalitres.—D'après cela, dire : 1º quelle est la contenance totale des 2 pièces, 2º quelle est la quantité de blé qu'on a semée?

42.— La poudre à canon fut inventée, à Cologne, par un moine, nommé Barthold Schwarz, l'an 1382; 48 ans après, Jean Koster inventa l'imprimerie à Harlem, et 62 ans après l'invention de l'imprimerie, Christophe Colomb fit la découverte de l'Amérique. —Dites en quelle année l'imprimerie a été inventée, et en quelle année l'Amérique a été découverte?

43. — Henri IV, roi de France, a commencé à régner en 1589; il a été assassiné par l'infâme Ravaillac 21 ans plus tard. — Dites en quelle année est mort ce bon roi?

44. — Louis XIV est monté sur le trône en 1643,

et a régné 72 ans. — En quelle année est-il mort?

45. — Une comète qui avait paru en 1759, a été 76 ans invisible. — En quelle année s'est-elle montrée de nouveau?

46. — Une compagnie qui a construit un pont, doit percevoir les droits de passage pendant 75 ans; la perception a commencé en 1768. — En quelle année a-t-elle dû cesser?

47. — L'empereur Napoléon, né à Ajaccio, en Corse, l'an 1769, est mort à Sainte-Hélène, à l'âge de 52 ans. — A quelle époque?

48. — Une comète a paru en 1835; on sait que son retour doit avoir lieu 76 ans après. — En quelle année doit-elle apparaître de nouveau?

49. — D'après la loi, l'homme ne peut se marier avant 18 ans révolus. — D'après cela, en quelle année un individu, né en 1847, pourra-t-il se marier?

50. — L'empereur Théodose partagea, l'an 395 après J.-C., l'empire romain en empire d'Orient, et en empire romain d'Occident; ce dernier a duré 81 ans. — A quelle époque a-t-il été détruit; et à quelle époque a été détruit l'empire d'Orient qui a duré 1058 ans?

51. — Une édition de 5'000 volumes coûte 1'200 fr. — Combien faut-il la vendre pour gagner 900 fr.?

52. — Les Anglais ont pris la ville de Calais l'an 1'347; ils l'ont gardée 213 ans. — A quelle époque l'ont-ils reperdue?

53. — Jacques, après avoir payé à Pierre 840 fr. qu'il lui devait, possède encore 1'253 fr. — Combien avait-il auparavant?

54. — Un marchand a vendu 457 kilogr. de café et 1'359 kilog. de sel. — Combien a-t-il vendu de kilog.?

55. — On a acheté un cheval 1'560 fr.; en le revendant, on a gagné 229 fr. — Combien l'a-t-on revendu?

56. — Un mobilier a été vendu 1'764 fr. — Combien faut-il le revendre pour gagner 359 fr.?

57. — Lucien dépense chaque année 1'789 fr. pour son entretien; il met de côté 358 fr. — Quel est son revenu?

58. — La bataille de Marathon fut livrée 490 ans avant J.-C. — En 1853, combien y a-t-il eu d'années?

59. — La ville de Rome a été fondée l'an 753 avant J.-C. — Combien d'années d'écoulées y a-t-il entre cet événement et l'année 1854?

60. — Alexandre-le-Grand est mort 324 ans avant J.-C. — Combien en 1854 (c'est-à-dire 1854 ans après J.-C.), s'est-il écoulé d'années depuis sa mort?

61. — Une marchandise a coûté 3'278 fr. — Combien faut-il la revendre pour gagner 992 fr.?

62. — Un marchand a vendu dans la journée pour 3'564 fr., il a perdu sur sa marchandise 276 fr. — Combien lui coûtait-elle?

63. — Quelqu'un vend une maison 8'749 fr.; il perd à ce marché 876 fr. — Combien lui avait-elle coûté?

64. — En 1853, combien d'années s'étaient écoulées depuis la prise de la ville de Troie qui eut lieu 1'280 ans avant J.-C.?

65. — Nicolas, après avoir payé à Philippe 2'007 fr. qu'il lui devait, possède encore 1'538 fr. — Combien avait-il auparavant?

66. — Une fontaine a rempli, dans une heure, un bassin contenant 2'580 litres; mais le bassin a perdu dans le même temps, par un orifice inférieur, 1'689 litres de liquide. — Combien d'eau la fontaine a-t-elle fourni en totalité?

67. — Quelqu'un qui devait une certaine somme a donné à-compte 3'228 fr., et il doit encore 1'229 fr.? — Quelle est cette somme?

68. — La comète de 1811 fait sa révolution en 3'300 ans. — En quelle année reparaîtra-t-elle ?

69. — Le déluge est arrivé 3'308 ans avant J.-C. — Combien y a-t-il eu d'années en 1853 ?

70. — De deux nombres, la différence est égale au plus petit, qui est 5'458. — Quel est le plus grand ? — Quelle est leur somme ?

71. — Selon Bossuet, le monde fut créé 4'004 ans, et selon d'autres chronologistes, 4'963 ans avant J.-C. —En 1'853, depuis combien d'années le monde était-il créé selon chacune de ces chronologies ?

72. — En ôtant 6'832 fr. d'une certaine somme, il reste 4'285 fr. — Quelle était cette somme ?

73. — L'édition d'un ouvrage a été tirée à 4'320 exemplaires, et la suivante à 8'640. — Dites combien d'exemplaires ont été imprimés dans ces deux éditions ?

74. — Elise a 10'950 épingles à vendre; et il s'en faut de 2'575 qu'elle en ait autant que son frère. — Combien en possède donc celui-ci ?

75. — De deux nombres, le plus petit est 36'425; leur différence est 1'427. — Quel est le plus grand de ces deux nombres, et combien font-ils ensemble ?

76. — Une maison coûte 43'564 fr.; on veut gagner 1'450 fr. — Combien faut-il la revendre ?

77. — Le reste d'une soustraction est 4'089, le plus petit nombre est 70'863. — Quel est le plus grand ?

78. — On a brûlé dans une bataille 7'587 cartouches, il en reste dans les caissons et dans les mains des soldats 92'413. — Combien y en avait-il avant le combat ?

79. — La population de Bordeaux est de 130'927 habitants; Marseille a 64'332 habitants de plus que Bordeaux. — Quelle est la population de Marseille ?

80. — Les naissances enregistrées à l'état-civil de Paris sont pour l'année 1844 :

NAISSANCES	A DOMICILE.......	Garçons...	13'456
		Filles.....	12'929
	DANS LES HÔPITAUX	Garçons...	2'849
		Filles.....	2'722

Combien de filles, de garçons sont nés dans cette année, quel est le nombre total des naissances ?

81. — La différence entre deux nombres est 54'649, le plus petit est 99'876. — Quel est le plus grand ?

82. — Quel est le nombre des naissances en France, sachant qu'il naît, par année, 499'000 garçons et 469'000 filles environ ?

83. — L'Auvergne a formé 2 départements : 1º le Puy-de-Dôme, dont la population est, de 596 897 habitants, et la superficie de 609'933 hectares ; 2º le Cantal, de 253'329 habitants, et la superficie de 542 037 hectares. — On désire savoir le chiffre de la population et celui de la superficie de cette province ?

84. — Quel est le nombre qui, diminué de 187'956, a eu pour reste 749'617 ?

85. — En 1836, la population de la France était de 33'540'910 habitants ; si, comme on l'a calculé alors, cette population devait arriver à se doubler dans 139 ans, quelle année cela arriverait-il, et quelle serait alors la population de la France ?

86. — La différence entre les recettes des contributions indirectes en 1844 et en 1846, fut de 19'816'241 fr. ; les recettes de 1844, plus faibles, s'élevèrent à 265'697'940 fr. — Quelles furent celles de 1846 ?

IIe SECTION CONTENANT 94 PROBLÈMES AYANT CHACUN TROIS NOMBRES.

87. — Un écolier a obtenu 2 prix la première année, 3 prix la seconde année et 5 la troisième année ; il a

reçu de plus, de ses parents, à titre de récompense, 6 fr. pour le premier prix, 7 fr. pour le second, et pour le dernier 7 fr. de plus que pour le second. — Dire le nombre de prix qu'il a obtenus, et le montant des sommes reçues?

88. — Une femme chargée de vendre des œufs en a cassé 8 et en a vendu 98, il lui en reste 3. — On demande combien elle avait d'œufs?

89. — On a dépensé une fois 20 fr., une autre fois 10 fr., et une autre fois encore 5 fr. — Combien a-t-on dépensé en tout?

90. — Antoine est né 23 après son oncle, et il a maintenant 12 ans de plus que sa sœur cadette, qui n'est âgée que de 7 ans. — On demande l'âge d'Antoine et celui de son oncle?

91. — Un écolier a 25 billes, un de ses camarades lui en donne 12, un autre lui en donne 7, ils en ont alors autant l'un que l'autre. — Combien chacun en possède-t-il? Combien en ont-ils en tout?

92. — Une personne fait un voyage, elle dépense 29 fr. pour sa place, 6 fr. pour le conducteur, 13 fr. pour la nourriture. — On demande ce qu'elle a dépensé?

93. — Une personne vient d'acheter 32 kilogr. de sel, 25 kilogr. de chandelles, 4 kilogr. d'huile. — On demande combien elle a en pesant?

94. — La Croix-Rousse a environ 29 mille habitants, la Guillotière 46 mille, Vaise 9 mille. — Combien de mille habitants ont ces 3 communes sururbaines de Lyon?

95 — Je suis né 26 ans après ma mère, et j'ai 9 ans plus que mon frère qui a 39 ans. — Quel est l'âge de ma mère? quel est le mien?

96. — Un enfant a 9 ans, son père en a 36, sa mère 42. — Combien ont-ils d'années à eux trois?

97. — Henri a dépensé 53 fr. pour un habit, 19 fr. pour un pantalon, 9 fr. pour un gilet ; il lui reste 37 fr. — Quelle somme avait-il avant cette emplette ?

98. — Trois enfants, dont le plus âgé a **17** ans, le suivant **14** et le dernier **13**, ont ensemble l'âge de leur père. — Quel est cet âge ?

99. — Deux jeunes filles âgées l'une de **17** ans, l'autre de **19** ans, ont ensemble l'âge de leur mère, qui elle-même a **12** années de moins que le père. — Quels sont les âges du père et de la mère ?

100. — Deux chasseurs ont tué **12** cailles, **8** bécasses, **6** perdrix ; la veille ils avaient tué **7** perdrix, **9** cailles, **11** bécasses. — Combien de pièces ont-ils tuées et combien de chaque espèce ?

101. — Un voyageur a fait le premier jour **18** kilomètres de chemin, le lendemain **13**, et le troisième jour autant que les jours précédens. — On veut savoir le chemin qu'il a parcouru au bout de ce temps ?

102. — Une jeune fille avait **32** épingles, elle en a gagné **15** à l'une de ses campagnes, et **12** à une autre. La première, après le jeu, en a encore **9**, et la deuxième **7** de plus qu'elle. — Combien chacune des deux autres en avait-elle ?

103. — Un enfant qui joue aux billes avec deux de ses camarades leur dit : J'ai **15** billes, si j'en recevais **10** de celui de vous deux qui en a le moins, et **13** de celui qui en a le plus, nous en aurions chacun le même nombre. — On demande : 1° quel est ce nombre ; et 2° combien ils ont de billes entre eux trois ?

104. — Une personne qui a donné à sa domestique un jour **42** fr., un autre jour **25** fr., et enfin **17** fr., désire savoir combien elle lui a donné en tout ?

105. — J'avais un petit sac plein de noisettes, j'en ai croqué **35**, j'en ai perdu **12**, il m'en reste encore **43**. — Combien y avait-il de noisettes dans mon petit sac ?

106. — Un ouvrier a gagné pendant le mois d'avril 38 fr., pendant le mois de mai 43 fr., et pendant le mois de juin 47 fr. — On demande combien il a gagné pendant ces trois mois réunis?

107. — Trois personnes se sont partagé une somme. La première a eu 45 fr., la seconde 53 fr., et la troisième 11 fr. de plus que la seconde. — Quelle était la somme totale?

108. — Une école est divisée en trois classes. La petite classe contient 39 élèves, la classe moyenne 35, et la grande classe 54. — Combien y a-t-il d'élèves dans l'école?

109. — Octave avait un certain nombre de noisettes; il en a donné 57 à ses camarades et mangé 24; il ne lui en reste plus que 35. — Combien en avait-il?

110. — Un ouvrier a reçu 27 fr., un second a reçu 13 fr. de plus que le premier; et le troisième autant que les deux premiers. — On demande combien le second et le troisième ouvrier ont reçu, et la somme qu'il a fallu pour les payer tous les trois?

111. — Quelle est la longueur de 3 pièces de drap: la première contient 63 mètres, la seconde 45 mètres et la troisième 59 mètres?

112. — Un enfant a mangé 23 cerises à son déjeuner, 58 à son dîner et 65 à son souper. — Combien en a-t-il mangé dans la journée?

113. — Combien y a-t-il d'écoliers dans une école de 3 classes, si la première classe en a 54, la deuxième 67, et la troisième 35 de plus que la première?

114. — Il y a sur une table 3 piles d'argent, la plus petite contient 27 fr., la seconde contient 15 fr. de plus et la troisième contient 34 fr. de plus que la seconde. — Quelle somme forment ces trois piles?

115. — Modeste doit au boulanger 23 fr., au boucher 17 fr., au tailleur 78 fr. — On demande quelle somme il lui faut pour payer ses dettes?

116. — Un pont en fil de fer est composé de 3 travées, dont l'une a 72 mètres de longueur, la deuxième 83 mètres, et la troisième 69 mètres. — Faire connaître la longueur du pont?

117. — Les lits d'un hôpital sont répartis en 3 salles : la première en contient 36, la deuxième 17 de plus que la première, et la troisième 9 de plus que les deux autres. — Quel est le nombre de lits?

118. — Un maçon a fait 108 mètres carrés d'ouvrage ; son fils aîné en a fait 85 mètres, et le cadet 74. — Qu'ont-ils fait de travail à eux trois?

119. — Une certaine somme a été partagée entre trois personnes ainsi qu'il suit : la première a reçu 60 fr., la deuxième 28 fr. de plus que la première, la troisième 30 fr. de plus que la deuxième. — Quelle somme chaque personne a-t-elle reçue, et quelle était la somme totale à partager?

120. — 3 ouvriers se sont partagé une certaine somme. Le premier a eu 67 fr., le deuxième 24 fr. de plus, et le troisième 25 fr. de plus que le deuxième.— On demande la somme partagée et la part de chacun?

121. — On compte de Paris à Orléans 133 kilomètres, d'Orléans à Blois 71 kilomètres, et de Blois à Tours 58 kilomètres. — Quelle est, d'après cela, la distance de Paris à Tours?

122. — On a mélangé 150 grammes de nitre avec 25 grammes de charbon et 25 grammes de soufre pour faire de la poudre à canon. — Combien a-t-on obtenu de poudre?

123. — Il reste à un marchand 162 assiettes; il en a vendu 24 d'une part, et 36 d'autre part. — Quel était le total de ses assiettes?

124. — Deux sœurs ont reçu en étrennes, la première une somme de 47 fr., la deuxième une somme de 86 fr. ; elles possédaient déjà à elles deux 195 fr., elles ont voulu placer le tout à la caisse d'épargne.— On demande quelle a été la somme placée ?

125. — Une personne doit à son épicier 24 fr., à son boulanger 69 fr., à son propriétaire 245 fr. — Combien doit-elle en tout ?

126. — Un marchand a vendu d'abord 415 stères de bois, puis 61 stères, et il lui en reste 9 stères. — Dire combien il avait de bois dans son magasin ?

127. — Pépin-le-Bref, Ier roi de France de la deuxième race, naquit en 714, monta sur le trône à l'âge de 38 ans et mourut 16 ans après. — Faire connaître les époques de son avénement au trône et de sa mort ?

128. — Trois joueurs ont perdu, l'un 106 fr., l'autre 47 fr., le troisième 136 fr. — Qu'ont-ils perdu en tout ?

129. — Un ouvrier a gagné par son travail 98 fr. le premier mois, 107 fr. le deuxième mois, et 112 fr. le troisième mois. — Combien a-t-il gagné pendant tout ce temps ?

130. — Un cultivateur a récolté 206 hectolitres de froment, 21 hectolitres de seigle, et 113 hectolitres d'orge.—Combien a-t-il récolté d'hectolitres de grains en tout ?

131. — 12 hectares de bois, sur un excellent sol, ont donné 270 stères, 9 hectares, sur un sol ordinaire, ont produit 140 stères, et 6 hectares, sur un sol de mauvaise qualité, 90 stères.—Quel est le nombre des stères retirés de cette coupe ?

132. — Un épicier a fait venir 3 tonneaux d'huile, dont le premier pèse 186 kilogr., le deuxième 209 kilogr., et le troisième 163 kilogr. — Quel est le poids total de cet envoi?

133. — Un marchand a trois caisses de sucre : la première pèse 245 kilogr., la deuxième 129 kilogr., et la troisième 197 kilogr. — Combien ce marchand a-t-il de kilogr. de sucre ?

134. — Un ouvrier a fait, en 13 jours, 49 mètres d'ouvrage, qui lui ont été payés 246 fr. En 9 jours, il a fait 36 mètres payés 165 fr. Enfin, en 7 jours, il a fait 28 mètres payés 108 fr. — On demande 1º combien il a travaillé de jours. 2º combien il a fait de mètres d'ouvrage et 3º combien il a reçu en totalité ?

135. — 3 ballots pèsent : le premier 263 kilogr., le deuxième 352 kilogr., et le troisième 147 kilogr. — Quel est leur poids ?

136. — Un régiment de cavalerie a 320 chevaux dans le premier escadron, 265 dans le deuxième, et 357 dans le troisième. — Quel est le nombre des chevaux de ce régiment ?

137. — Un officier doit les trois sommes suivantes à divers particuliers, 434 fr., 387 fr. et 273 fr. — Combien doit-il en tout ?

138.—Un couvreur fournit pour une toiture, de la tuile pour 445 fr., la main-d'œuvre lui revient à 237 fr., il estime son bénéfice à 189 fr. — Quel est le montant de son mémoire ?

139. — Un commissionnaire transporte 3 malles, l'une pesant 328 kilogr., la seconde 529 kilogr., la troisième 642 kilogr. — On demande quelle est la charge entière de sa voiture ?

140. — Un boucher a acheté 3 bœufs, le premier pèse 428 kilogr., le deuxième 364 kilogr., et le troisième 657 kilogr. — Quel est leur poids total ?

141. — Un tonneau contient 834 litres de vin, un

autre en contient 228 litres, un troisième tonneau en renferme 734 litres. — Combien de litres contiennent en tout les 3 tonneaux ?

142. — Quelqu'un a payé à-compte d'une dette, une fois 365 fr., une autre fois 418 fr., et il doit encore 900 fr. — Quel était le montant de sa dette ?

143. — Un régiment est composé de 3 bataillons, dont le premier compte un effectif de 925 hommes. le second 938, et le troisième 947. — Dire l'effectif de ce régiment ?

144. — Louis XIII naquit en 1601, monta sur le trône à 9 ans, et mourut après avoir régné 33 ans. — Savoir l'année de sa mort ?

145. — Un voiturier a sur sa voiture 250 kilogr. de houille, 945 kilogr. de fer, et 1'250 kilogr. de plomb. — Quelle est la charge de sa voiture ?

146. — Un particulier possède un terrain fractionné en 3 lots : le premier de 465 ares, le deuxième de 289 ares, et le troisième de 1'352 ares. — Quelle est la superficie totale ?

147. — Un particulier achète 3 pièces de terre : la première contient 217 ares, la seconde 1'405 ares, la troisième 720 ares. — Combien ce particulier a-t-il d'ares de terre ?

148. — Le poids d'un décimètre cube de brique est de 2'000 grammes ; la même quantité d'ardoise polie pèse 766 grammes de plus ; un décimètre cube de pierre à chaux pèse 414 grammes de plus que l'ardoise. — Dites la pesanteur d'un décimètre cube de pierre à chaux ?

149. — Avec 14 litres de lait, on a fait une première fois, 500 grammes de beurre ; avec 33 litres, 1'097 grammes, et avec 46 litres, 1'643 grammes. — Combien a-t-on fait de beurre dans les 3 fois ? Et combien a-t-il fallu de lait ?

150. — Une escadre est composée de 4 vaisseaux, 2 frégates et 3 bricks ; les vaisseaux sont montés par chacun 500 hommes et portent 120 canons ; les frégates portent ensemble 400 hommes et 180 canons ; et les bricks chacun 100 hommes et 12 canons. — Faire connaître la force de l'escadre en hommes et en canons ?

151. — Le trésorier d'un régiment a donné 1'535 fr. au maître tailleur, 1'246 fr. au maître cordonnier, et 47 fr. au vaguemestre. — Combien a-t-il donné en tout ?

152. — Mon champ a produit, la première année, 2'547 gerbes de blé ; trois ans après, 3'206 gerbes ; j'en récolte aujourd'hui 2'994. — Combien ai-je eu de gerbes dans les 3 récoltes réunies ?

153. — Un corps d'armée a eu dans une bataille 3'545 hommes blessés, 1'245 tués, et 1'843 faits prisonniers. — Quelles pertes en hommes a-t-il éprouvées ?

154. — Un propriétaire a 3 fermes : la première lui rapporte 2'347 fr., la seconde 4'726 fr., et la troisième 1'934 fr. — Quelle somme lui rapportent ses fermes ?

155. — Un brasseur a acheté, pendant le mois de janvier, 4'285 kilogr. de houblon pour 5'675 fr. ; pendant le mois de février, 3'629 kilogr. pour 4'736 fr. ; et pendant le mois de mars, 4'307 kilogr. pour 5'849 fr. — Dire 1º combien il a acheté de houblon, et 2º combien il a payé pour ces trois achats ?

156. — 3 convois différents partent sur la même ligne, et emmènent, le premier, 785 voyageurs et 3'677 kilogr. de marchandises ; le deuxième, 937 voyageurs et 7'698 kilogr. de bagages ; le troisième, 1'249 voyageurs et 5'657 kilogr. de marchandises. — Combien ces 3 convois ont-ils emmené de voyageurs, quel est le poids total des marchandises transportées ?

157. — On a dirigé sur une ville de guerre 3 corps de troupes, le premier de 2'472 hommes, le second de 3'692, et le troisième de 7'863 hommes. — On demande combien il est entré de soldats dans la ville ?

158. — Un fermier a reçu 3 billets, l'un de 3'546 fr., le second de 11'469 fr., le troisième de 6'758 fr. — On demande combien il a reçu en tout ?

159. — De 4 nombres, le premier est 817, le second 3'709, le troisième 26'785, le quatrième est aussi fort que les 3 réunis ensemble. — Quelle est la somme de ces 4 nombres ?

160. — Un percepteur de contributions a reçu pendant le premier trimestre de l'année 1853, le premier mois 1'280 fr., le second 1'965 fr., et le dernier 12'984 fr. — On demande quel est le total de sa recette ?

161. — Le canal de Guines (Pas-de-Calais) a une longueur de 6'120 mètres; celui de Luçon (Vendée) est long de 14'185 mètres; celui de Lunel (Hérault) parcourt 13'188 mètres. — Quelle étendue de terrain parcourent ces trois canaux ?

162. — Une armée est composée de 3 divisions : la première a 18 pièces de canon, 13'000 fantassins et 3'500 chevaux; la deuxième a 23 pièces de canon, 14 500 fantassins et 2'700 chevaux; la troisième a 32 pièces de canon, 3'950 chevaux et 20'400 fantassins. — On veut connaître les forces réunies de cette armée en hommes, en chevaux et en canons ?

163. — Les villes de Cahors, de Niort et de Poitiers renferment : la première 13'350 habitants, la deuxième 18'727, et la troisième 29'277. — Quelle est la population de ces 3 villes ?

164. — Le département de la Seine est divisé en 3 arrondissements : le premier, celui de Paris, a 3'424 hectares de superficie; le deuxième, celui de Saint-Denis, en a 20'215; le troisième, celui de Sceaux, en a 23'909. — On demande combien le département de la Seine a de superficie ?

165. — Le canal de la Colme parcourt 24'785 mètres ; celui de Condé (Nord) a une longueur de 6'400 mètres ; celui de Bergues à Furne ou de la Basse-Colme est long de 13'860 mètres. — Quelle est l'étendue de terrain que parcourent ces 3 canaux ?

166. — Un capitaliste a fait des bénéfices dans 3 spéculations : la première lui a rapporté 1'900 fr., la seconde 26'560 fr., et la troisième 17'849 fr. — On demande ce qu'il a gagné en tout ?

167. — 3 personnes ont fait une succession : la première a touché 27'343 fr., la deuxième 18'526 fr., et la troisième 15'487 fr. — Il s'agit de trouver la totalité de la succession ?

168. — En 1846, la ville de Nancy renfermait 42'765 habitants ; celle de Metz en avait 55'112 ; et celle d'Epinal en comptait 11'485. — Combien ces 3 villes réunies renfermaient-elles d'habitants ?

169. — Un voyageur a fait le premier jour 30'895 mètres, le deuxième 58'796, le troisième 45'786. — Combien a-t-il parcouru de mètres en tout ?

170. — Le département de la Lozère est divisé en 3 arrondissements : celui de Florac contient 167'290 hectares ; celui de Mende 197'723 hectares ; et celui de Marvejols 169'782 hectares. — Combien ce département a-t-il en superficie ?

171. — En 1829, la population a augmenté en France de 161'074 âmes ; en 1830, de 157'994 ; et en 1831 de 183'948. — On demande le total de l'augmentation pendant ces 3 années ?

172. — Il y a 243'518 mètres de Dunkerque à Paris, 29'820 mètres de Paris à Evaux, et 339'083 d'Evaux à Carcassonne. — On demande la distance qu'il y a de Dunkerque à Carcassonne ?

173. — La Provence a formé 3 départements, savoir : 1º les Basses-Alpes qui ont 152'070 habitants et 729'598 hectares de superficie; 2º le Var, qui a 359'967 habitants et une superficie de 729'627 hectares; 3º les Bouches-du-Rhône qui ont une superficie de 506'847 hectares et une population de 428'989 habitants. — On demande : 1º la population ; 2º la superficie de cette province ?

174. — En 1829, le nombre des décès, en France, a été de 803'453; en 1830, de 809'830 ; et en 1831, de 802'761. — Dites le nombre des décès pendant ces 3 années ?

175. — Le département de la Seine se compose de la ville de Paris et des arrondissemens ruraux de St.-Denis et de Sceaux. D'après le recensement de 1841, la ville de Paris comptait 935'261 habitants; l'arrondissement de Saint-Denis 152'094 habitants; et celui de Sceaux 107'248. — Quelle était, à cette époque, la population du département de la Seine ?

176. — Le nombre des naissances en France, en 1829, a été de 986'709 ; en 1830, de 967'824; et en 1831, de 986'709. — Quel est le total des naissances pendant ces 3 années ?

177. — On exploite une mine de houille, on en retire d'abord 958'677 kilog., au bout de 3 mois 856'753, et enfin, au bout de 2 mois, 7'985'342. — Combien en a-t-on exploité en tout ?

178. — La ville de Paris a consommé, dans une année, pour 1'244'527 fr. de fromage, 8'387'276 fr. de volailles, 541'745 fr. de poissons. — A combien s'élève la dépense de Paris pour ces 3 objets seulement ?

179. — La France possède en monnaie d'argent une somme évaluée à 280'000'000 de francs, des pièces d'or pour 20'000'000 de francs, et pour 50'000'000 de monnaie de cuivre ou de billon. — A combien monte le numéraire de la France ?

180. — La propriété foncière, en France, paie tant

en contributions directes qu'indirectes, **850'000'000** fr.; pour enregistrement d'actes divers **208'000'000**; sa part dans les autres impositions est de **216'000'000**. — A combien s'élèvent les impôts à sa charge ?

IIIᵉ SECTION CONTENANT 69 PROBLÈMES AYANT CHACUN QUATRE NOMBRES.

181. — Un voyageur a marché **4** jours : le premier pendant **9** heures, le deuxième pendant **8** heures, et, pendant les **2** derniers jours **3** heures de plus que le deuxième. — Combien a-t-il mis d'heures de marche à son voyage ?

182. — Un charpentier a acheté **4** voitures chargées de bois : la première contient **13** stères, la seconde **9** stères, la troisième **12** stères, et la quatrième **17** stères. — Combien a-t-il acheté de stères ?

183. — Un ouvrier a gagné dans une semaine **21** fr., dans une autre **18** fr., dans une troisième **24** fr., dans une quatrième **16** fr. — Combien a-t-il gagné dans les **4** semaines ?

184. — Michel, qui s'était marié à **19** ans, a eu, **8** ans après son mariage, un fils qui est mort à **39** ans et auquel il a survécu de **13** années. — Quel était l'âge de Michel quand il mourut ?

185. — Un petit garçon a **7** ans, sa sœur **10**, son père **33**, et sa mère **29**. — On demande combien ils ont d'années entre eux tous ?

186. — Un enfant gagne dans une semaine **15** bons points, dans une deuxième **18**; dans une troisième **27**; dans une quatrième **34**. — Combien en a-t-il gagné dans les **4** semaines ?

187. — Un voyageur a fait **22** kilomètres le premier jour, **27** le second, **18** le troisième, et **36** le quatrième. — Quel est le chemin total parcouru ?

188. — La marine française compte **33** vaisseaux de haut-bord, **38** frégates, **26** corvettes et **29** bricks.

— Combien compte-t-elle de navires de toutes grandeurs?

189. — La dépense d'une famille a été, une première semaine, de 26 fr., une deuxième de 25, une troisième de 48, une quatrième de 37. — De combien a-t-elle été dans le mois?

190. — Une école est divisée en 4 classes : la première classe compte 25 élèves, la seconde 30, la troisième 48, et la quatrième 53. — Dites le nombre d'élèves de cette école?

191. — Une muraille renferme, au nord, 48 mètres cubes; au sud, 50 mètres cubes; à l'est, 17 mètres cubes; et à l'ouest 18. — Combien comptera-t-on de mètres cubes au maçon qui l'a faite?

192. — Un maçon a fait différents ouvrages : le premier contient 49 mètres, et il a reçu 56 fr. ; le second 11 mètres, il a reçu 14 fr. ; le troisième 39 mètres, il a reçu 40 fr. ; le quatrième, 6 mètres, il a reçu 10 fr. — Combien a-t-il fait de mètres et combien a-t-il reçu?

193. — Thomas a reçu 4 pièces de toile : l'une de 29 mètres de longueur; la deuxième, de 35; la troisième, de 46; la quatrième, de 59. — On demande la longueur totale de ces pièces?

194. — Un marchand a vendu dans un jour 4 pièces de calicot, dont l'une avait 51 mètres de long, la deuxième 49 mètres, la troisième 63 mètres, et la quatrième 38 mètres. — Dire combien de mètres il a vendus en tout?

195. — 4 ouvriers travaillant ensemble ont fait dans une semaine, l'un 36 mètres d'ouvrage, le deuxième 43 mètres, le troisième 54 mètres, et le quatrième 62 mètres. — Combien de mètres d'ouvrage ont-ils faits en tout?

196. — 3 ouvriers travaillent à un fossé : le premier fait 24 mètres d'ouvrage; le deuxième 15 mètres de plus que le premier ; le troisième autant que les 2 premiers ensemble ; il reste encore 35 mètres pour finir le fossé. — On demande : 1° quelle est la longueur totale du fossé ? 2° combien les 3 ouvriers ont fait d'ouvrage ensemble ? 3° combien chaque ouvrier a fait d'ouvrage ?

197. — Un menuisier a fait un secrétaire de 80 fr., un lit de 50 fr., une table de nuit de 16 fr., et une petite table ronde de bois de chêne de 12 fr.— Combien lui est-il dû ?

198. — On a fait une quête pour les pauvres : elle a produit le premier jour 63 fr., le second 94 fr., le troisième 26 fr., et le quatrième 71 fr. de plus que le troisième. — Quel est le montant de la quête ?

199. — Un tisserand a fait 4 pièces de toile : la première de 84 mètres, la deuxième de 65 mètres, la troisième de 76 mètres, et la quatrième de 107 mètr. —Dites combien ce tisserand a fait de mètres de toile ?

200. — Un ouvrier a économisé : une première année 109 fr., une deuxième année 89 fr., une troisième année 70 fr., une quatrième année 107 fr. — A combien se montent ses économies ?

201. — Un fabricant de chandelles a reçu les quantités de suif ci-après : 1° 106 kilogr. ; 2° 96 kilogr. ; 3° 129 kilogr. ; 4° 79 kilogr. — Combien a-t-il reçu de kilogr. en tout ?

202. — Un verger contient 147 poiriers, 58 abricotiers, 65 pêchers et 152 pruniers. —Combien contient-il d'arbres ?

203. — Un coquetier a acheté 142 douzaines d'œufs dans un village, 13 douzaines dans une ferme, 87 douzaines dans un second village, et 192 douzaines en route à un de ses confrères. — Combien de douzaines possède-t-il en tout ?

204. — Un propriétaire qui loue sa maison à plu-

sieurs localaires retire du rez-de-chaussée 190 fr., du premier étage 125 fr., du deuxième étage 68 fr., et enfin 32 fr. du grenier. — Quelle somme retire-t-il en tout ?

205. — La hauteur du dôme du Panthéon (à Paris) est de 79 mètres; la flèche de la cathédrale d'Anvers a 41 mètres de plus; la coupole de Saint-Pierre, à Rome, a encore 12 mètres d'élévation de plus, et la plus haute des pyramides d'Egypte l'emporte encore de 14 mètres. — Quelle est la hauteur de cette pyramide ?

206. — Une facture est composée de 4 articles : le premier monte à 75 fr.; le second, à 130 fr.; le troisième, à 154 fr.; et le quatrième, à 182 fr.—A combien se monte le total de la facture ?

207. — Un charretier a sur sa charrette 4 ballots, dont l'un pèse 87 kilogr., le second 120 kilogr., le troisième 152 kilogr., et le quatrième 136 kilogr. — Dire quel est le poids total du chargement ?

208. — Un propriétaire afferme à divers particulier les parcelles de terre suivantes : un pré de 31 ares, une vigne de 102 ares, un jardin de 62 ares, plus une pièce de terre labourable de 215 ares. — On demande le nombre total d'ares ?

209. — Un écolier avait 48 noix, et il en a gagné 54 à un de ses camarades, 127 à un autre, et 248 à un autre. — Combien a-t-il de noix ?

210. — Un négociant a, en portefeuille, 4 billets souscrits par un même particulier : le premier est de 132 fr., le deuxième est de 456 fr., le troisième est de 89 fr., et le quatrième de 357 fr. Le souscripteur voudrait renouveler ses billets et les remplacer par un seul. — On demande quel doit être le montant de ce dernier billet ?

211. — Un enclos qui avait 108 ares de superficie a été agrandi une fois de 86 ares, une seconde fois

de 28 ares, et enfin de 500 ares. — Dire quelle est sa superficie actuelle ?

212. — Un ouvrier a fait, en 15 jours, 28 mètres d'ouvrage qui lui ont été payés 40 fr. En 18 jours, il en a fait 36 mètres qui lui ont été payés 144 fr. En 28 jours, il en a fait 60 mètres qui lui ont été payés 300 fr. Enfin, en 12 jours, il en a fait 30 qui lui ont été payés 90 fr. — On demande 1º combien il a travaillé de jours, 2º combien il a fait de mètres, et 3º combien il a gagné ?

213. — Une personne achète pour 648 fr. de drap, pour 735 fr. de toile, pour 87 fr. de velours, pour 198 fr. de soie. — Qu'a-t-elle dépensé ?

214. — Un marchand de vins en a débité 175 litres dans une journée, 298 dans une seconde, 76 litres dans une troisième ; enfin, dans une quatrième, il en a débité 795 litres. — Combien en a-t-il vendu en tout ?

215. — On doit à un ouvrier sa paie de 4 mois de travail. Il devait recevoir pour le premier mois 124 fr., pour le deuxième mois 102 fr., pour le troisième mois 152 fr., pour le quatrième mois 38 fr. — Que lui doit-on en tout ?

216. — Un marchand a 4 factures à acquitter le même jour : l'une de 356 fr., l'autre de 298 fr., la troisième de 473 fr., et la quatrième et dernière de 512 fr. — Il demande combien il doit préparer d'argent pour le paiement ?

217. — 4 personnes se sont partagé une somme : la première a eu 351 fr., la deuxième 27 fr. de plus que la première, la troisième 72 fr. de plus que la deuxième, et la quatrième a eu autant que la première et la troisième. — On demande la part de chacune et la somme partagée ?

218. — Un régiment se compose de 4 bataillons dont 1 de dépôt : le premier bataillon compte 782 hommes,

le deuxième 721, le troisième 679, et le bataillon de dépôt 354. — Combien d'hommes ce régiment a-t-il?

219. — Un voiturier quitte Paris avec 785 kilogr. de marchandises, il charge en route 225 kilogr., plus tard 178 kilogr., dans une troisième halte il prend 395 kilog.—Combien de kilogr. a-t-il chargés en tout?

220. — On a 4 nombres : le premier est 549, le second 837, le troisième est égal à la somme des 2 précédents, et le quatrième vaut autant que les 3 autres réunis. — Trouver la somme de ces 4 nombres?

221. — Un régiment est composé de 4 bataillons, qui contiennent chacun le même nombre de soldats quand il n'y a pas de malades; mais aujourd'hui il y en a; et le premier, contenant 763 hommes, en a 17 de moins que le deuxième, lequel en a 23 de moins que le troisième, qui en a lui-même 11 de moins que le quatrième. — On demande combien il y a aujourd'hui de soldats dans ce régiment?

222. — Une personne dépense annuellement 846 fr. pour sa nourriture, 760 fr. pour son loyer, 659 fr. pour son entretien, et 160 fr. pour ses menues dépenses. — On demande quelle est sa dépense totale?

223. — Un brasseur a acheté à Paul 243 hectolitres de grain, à Pierre 863 hectolitres, à Philippe 627 hectolitres, à Nicolas 139 hectolitres. — Combien a-t-il acheté d'hectolitres en tout?

224. — 4 cantonniers se sont chargés de l'entretien d'une route, chacun pour les longueurs respectives de 856 mètres, 948 mètres, 627 mètres et 803 mètres. — Quelle est la longueur de cette route?

225. — Un marchand a acheté 4 parties de marchandises : la première partie lui a coûté 927 fr., la deuxième partie lui a coûté 649 fr., la troisième lui a coûté 708 fr., et la dernière 1 045 fr. — On demande quelle somme il a déboursée en tout?

226. — Un commerçant a payé 3 effets, le premier de 746 fr., le deuxième de 315 fr., et le dernier de 458 fr. ; il a encore 1'300 fr. dans sa caisse. — On désire savoir combien il avait en caisse avant ces 3 paiements?

227. — Ce fut en 1397, que Jean Beukels inventa l'art de caquer les harengs ; 261 ans plus tard, Zacharie Janssens inventa les lunettes d'approche ; 68 ans après, Drobbel inventa le thermomètre ; et 72 ans plus tard, Jenner découvrit la vaccine. — En quelle année eut lieu cette dernière découverte ?

228. — Un particulier achète 4 pièces de terre : la première contient 429 ares, la deuxième 1'532 ares, la troisième 859 ares, et la quatrième 234 ares. — Combien a-t-il acheté d'ares de terre ?

229. — De 1600 à 1609, les troupes régulières de Henri IV étaient composées ainsi qu'il suit :

CAVALERIE :

4 compagnies de gardes du corps	440	hommes.
19 id. de gendarmerie...	1'640	id.
3 id. de chevau-légers..	429	id.
Arquebusiers à cheval	128	id.

INFANTERIE :

Gardes françaises	20 comp.	2'000	hommes.
Id. suisses	3 id.	600	id.
Régiment de Picardie	20 id.	700	id.
Id. de la Baulme,	8 id.	806	id.

Quel était le nombre des cavaliers, des fantassins, le nombre total de ces troupes ?

230. — La coupe d'une forêt a donné les résultats suivants : 1° 5'270 stères de chêne ; 2° 453 stères de hêtre ; 3° 624 stères de bouleau ; 4° 1'250 stères de charme. — Quel est le total des stères ?

231. — Un marchand de vin a livré à un particulier : 1° 1'465 bouteilles, 2° 1'293 bouteilles, 3° 1'187 boutcilles, et 4º 961 bouteilles. — Combien en a-t-il livré en tout ?

232. — Un teneur de livres, en soldant ses comptes, trouve que Bernard reste débiteur de 2'506 fr., Anatole de 1'895 fr., César de 1'078 fr., et Joseph de 894 fr. — Quel est le total de ces 4 sommes ?

233. — Un fort cheval traîne seul 1'500 kilogr. pesant ; deux chevaux attelés ensemble traînent 2'300 kil. ; trois transportent 3'100 kil. ; et quatre, 4'000 kil. — On voudrait savoir quelle quantité de marchandises contiennent, en poids, les 4 voitures ?

234. — Un père a partagé une succession avec ses 3 enfants, qui ont eu, le premier, 2'869 fr., le deuxième 4'658 fr., le troisième 1'734 fr., et le père a eu 236 fr. de plus que les parts réunies de ses 3 enfants. — Quel est le montant de la somme partagée ?

235. — Le pic de Ténériffe, la plus haute montagne de l'Afrique, a 3'710 mètres au-dessus du niveau de la mer ; le Mont-Blanc, qui est la plus haute montagne de l'Europe, a 1'100 mètres de plus ; le Chimboraço, la plus haute montagne du Pérou, surpasse le Mont-Blanc de 1'720 mètres ; le pic le plus élevé de l'Himalaya, en Asie, a 1'920 mètres de plus que le Chimboraço. — Quelle est la hauteur de chacune de ces montagnes ?

236. — A la bataille de Marengo, Napoléon avait 869 soldats du génie, 1'289 d'artillerie, 15'945 d'infanterie, et 6'000 de cavalerie. — Quelle était la force de son armée ?

237. — Un marchand a vendu à diverses personnes : 1º 742 mètres de drap pour 12'465 fr. ; 2º 189 mètres pour 1'786 fr. ; 3º 425 mètres pour 4'064 fr. ; 4º 100 mètres pour 1'758 f. — On demande : 1º combien de mètres il a vendus ; 2º combien de francs il a reçus ?

238. — Un ouvrage a été tiré dans l'année, une première fois, à 3'300 exemplaires ; une deuxième fois à 5'500 ; une troisième fois à 11'250 ; enfin , on a fait un quatrième et dernier tirage de 17'375 exemplaires. — Combien a-t-on tiré d'exemplaires en tout ?

239. — Les naissances enregistrées à l'état-civil de Paris sont pour l'année 1842 :

NAISSANCES	à domicile	en mariage	Garçons	10'276
			Filles...	9'939
		orphelins	Garçons	2'775
			Filles...	2'890
	dans les hôpitaux	en mariage	Garçons	409
			Filles...	394
		orphelins	Garçons	2'356
			Filles,..	2'265

Combien de filles, de garçons sont nés dans cette année ? quel est le nombre total des naissances ?

240. — On a brûlé dans une bataille 14'005 kilogr. de poudre ; il en reste dans les caissons 25'387 kilogr. ; un accident en a fait perdre 1'587 kilogr. ; les soldats en ont 1'851 kilogr. — Combien y en avait-il avant la bataille ?

241. — Le canal de la Sensée parcourt 26'710 mètres ; celui de Roubaix a une longueur de 23'000 mètres ; le canal de la Nieppe est long de 9'218 mètres ; celui d'Hazebrouck a une longueur de 5'686 mètres. — Quelle étendue de terrain parcourent ces 4 canaux ?

242. — Un terrain a été partagé en 4 lots : le premier lot contient 14'685 mètres carrés ; le deuxième, 8'750 ; le troisième, 12'589 ; le quatrième, 10'360. — On désire savoir la surface totale de ce terrain ?

243. — Alger a 30'000 âmes, Constantine 15'000, Oran 11'000, Bone 5'700. — Combien y a-t-il d'habitants dans ces 4 villes ?

244. — On désire savoir quel est le montant de la contribution immobilière dans 4 communes, sachant que la première a été imposée à 17'356 fr., la seconde à 19'245 fr,, la troisième à 23'458 fr., la quatrième à 26'219 ?

245. — L'arrondissement de Saint-Denis (Seine)

renferme 4 cantons : celui de Courbevoie contient 12'811 habitants ; celui de Neuilly, 44'729 ; celui de Pantin, 31'112 ; celui de Saint-Denis, 21'405.—Combien cet arrondissement contient-il d'habitants ?

246. — Un particulier achète 3 propriétés : la première lui coûte 37'895 fr. ; la deuxième, 47'600 fr. ; la troisième est payée 95'943 fr. ; il lui reste en portefeuille 178'562 fr. — Combien a-t-il dépensé, que possédait-il d'abord ?

247. — En France, quel est le nombre des naissances, sachant qu'il y naît par an 463'186 garçons et 435'031 filles en mariage ; hors mariage, 35'440 garçons et 34'033 filles ?

248. — On demande la superficie de la Champagne qui a formé les 4 départements suivants : 1º celui des Ardennes, dont la superficie est de 513'015 hectares ; 2º celui de l'Aube, qui a 605'025 hectares ; 3º celui de la Marne, dont la surface est 810'789 hectares ; 4º et celui de la Haute-Marne, qui compte 622'899 hectares de superficie ?

249. — En 1841, l'Angleterre avait 15'901'981 habitants ; l'Ecosse, 2'624'586 ; l'Irlande, 8'205'382 ; et les îles, 124'679. — Quelle était alors la population des Iles Britanniques ?

IVe SECTION CONTENANT 47 PROBLÈMES AYANT CHACUN CINQ NOMBRES.

250. — Un épicier a fourni pour 17 fr. de sucre, pour 3 fr. de café, pour 4 fr. de bougies, 2 fr. de savon, et 1 fr. d'épices diverses. — A combien s'élève sa facture ?

251. — 5 ouvriers ayant travaillé ensemble durant une quinzaine, le premier a pour son compte 11 journées, le deuxième 8 journées, le troisième 12 journées, le quatrième 9 journées, et le cinquième 7 journées. — Dites combien de journées ils doivent recevoir en tout ?

252. — Un homme s'est marié à 27 ans et a perdu sa femme 12 ans après. Demeuré veuf pendant 9 ans, il a pris une deuxième femme avec laquelle il a vécu 18 ans, et lui-même est mort 14 ans après. — Quel est l'âge auquel il est parvenu ?

253. — Un maître de pension veut donner une pêche à chacun de ses élèves et en manger une lui-même. Il y a quatre divisions dans sa pension : la première contient 63 élèves, la deuxième en compte 34, la troisième en comprend 19, et la quatrième en renferme 48. — Combien le maître doit-il acheter de pêches ?

254. — Dans une maison, il y a 13 marches du rez-de-chaussée à l'entre-sol ; 10 de l'entre-sol au premier étage ; 19 du premier étage au deuxième ; 18 du deuxième au troisième ; 18 du troisième au quatrième ; 17 du quatrième au cinquième. — Combien de marches y a-t-il à monter pour arriver au cinquième étage ?

255. — Une armée a marché pendant 5 jours : le premier jour, elle a parcouru 22 kilomètres ; le deuxième, elle en a fait 25 ; le troisième, 27 ; le quatrième, 18 ; et le cinquième, 26. — Combien a-t-elle parcouru de kilomètres ?

256. — Un entrepreneur de menuiserie a occupé 5 ouvriers : le premier a fait 12 mètres, le second 14, le troisième 18, le quatrième 29, le cinquième 31. — À combien s'élève le total de ces mètres ?

257. — On demande quelle distance aura parcourue un voyageur au bout de 5 jours, si, le premier, il fait 28 kilomètres, le deuxième, 6 kilomètres de plus que le premier ; le troisième, 8 kilomètres de plus que le deuxième ; le quatrième, 7 kilomètres de plus que le troisième ; et le cinquième, autant que les 2 premiers ?

258. — Un fabricant a vendu 5 pièces de drap bleu. La première contenait 63 mètres, la seconde 59, la troisième 75, la quatrième 9 mètres de plus que la deuxième, et la cinquième 6 mètres de plus que la première. — Combien a-t-il vendu de mètres dans ces 5 pièces ?

259. — Un ouvrier gagne dans une semaine 16 fr., un autre ouvrier gagne dans le même temps 8 fr. de plus que le premier, un troisième ouvrier gagne à lui seul autant que les 2 premiers, un quatrième gagne à lui seul autant que le premier et le troisième, un cinquième gagne autant à lui seul que le deuxième et le quatrième. — On demande ce que gagne chaque ouvrier et quelle somme est nécessaire pour payer la semaine de ces 5 ouvriers ?

260. — Un marchand a reçu 5 caisses de savon : la première pesait 45 kilogr., la seconde 108, la troisième 121, la quatrième 24, et la cinquième, 544. — Combien a-t-il reçu de kilogr. en tout ?

261. — Une crémière achète 160 œufs dans une ferme, 245 dans une autre, 75 dans un marché 227 dans un village, elle en avait déjà 182 chez elle. — Combien a-t-elle d'œufs en tout ?

262. — Un libraire a dans son magasin 5 étagères garnies de livres. On compte 105 volumes à la première, 317 à la seconde, 147 à la troisième, 206 à la quatrième, et 84 à la cinquième. — Combien a-t-il de volumes en tout ?

263. — Une compagnie d'ouvriers militaires est chargée de creuser un fossé d'une certaine longueur : elle creuse le premier jour ce fossé sur une longueur de 375 mètres ; le deuxième jour, de 269 mè-

tres ; le troisième jour, de 98 mètres ; le quatrième jour, de 418 mètres ; le cinquième jour, de 309 mèt ; alors l'ouvrage est terminé. —
— On demande la longueur totale du fossé ?

264. — Il s'est vendu dans une foire 184 bœufs, 204 vaches, 75
chevaux, 870 moutons, 356 porcs. — Combien s'est-il vendu d'animaux ?

265 — Dans une vendange, 5 hommes ont été employés à trans-
porter le raisin à la hotte : Jean-Baptiste a fait 96 voyages le premier
jour, 92 le second, 85 le troisième ; André a fait 97 voyages le premier jour, 94 le second, 92 le troisième ; le troisième porteur a fait
95 voyages le premier jour, 93 le second, 89 le troisième ; Philippe
a fait 94 voyages le premier jour, 91 le second, 88 le troisième ; enfin le cinquième homme a fait 89 voyages le premier jour, 88 le second, et 87 le troisième. — Combien chaque homme a-t-il porté de
hottées et à combien de hottées se monte la récolte ?

266. — Un vigneron vend 5 pièces de vin : la première contient
128 litres et vaut 76 fr. ; la seconde, 140 litres et vaut 85 fr. ; la troisième contient 245 litres et vaut 178 fr. ; la quatrième renferme 270
litres et vaut 181 fr. ; la dernière contient 285 litres et vaut 205 fr.—
Combien contiennent les 5 pièces et combien valent-elles en tout ?

267. — Un épicier reçoit 3 caisses d'oranges. La première en contient 532, la seconde 489, la troisième 596 ; par un envoi précédent
il avait déjà reçu 2 caisses, l'une de 381 oranges et l'autre de 417.—
Savoir le nombre des oranges qu'il a reçues dans ces 2 envois ?

268. — Il y a dans un magasin 5 tas de bois, dont l'un contient
625 stères, le deuxième 349 stères, le troisième 409 stères, le quatrième 520 stères et le cinquième 137. — Combien y a-t-il de stères
de bois dans ce magasin ?

269. — La chimie du baron Thénard se compose de 5 volumes,
dont le premier contient 556 pages, le deuxième 650, le troisième
572, le quatrième 671, et le cinquième 561. — Combien de pages y
a-t-il dans cet ouvrage ?

270. — Un ouvrier a fait, en 16 jours, 38 mètres d'ouvrage pour
145 fr. ; en 24 jours, 47 mètres pour 183 fr. ; en 35 jours, 64 mètres
pour 269 fr. ; en 47 jours, 89 mètres pour 367 fr. ; et en 59 jours 158
mètres pour 677 fr. — Combien a-t-il de jours de travail, combien
a-t-il fait d'ouvrage et quelle somme a-t-il reçue ?

271. — Un quartier-maître a reçu du drap de divers fournisseurs :
1o 724 mètres, 2o 415 mètres, 3o 693 mètres, 4o 365 mètres, 5o 432
mètres.—Dites combien il a reçu en tout ?

272. — Une pépinière contient 427 poiriers, 247 pommiers, 875
cerisiers, 563 pêchers, et 389 abricotiers.—Combien y a-t-il d'arbres
en tout dans cette pépinière ?

273.—Un corps de troupe est divisé en 5 pelotons. Le premier est de
438 hommes, le deuxième et le troisième de chacun 297, le quatrième
de 975 et le cinquième de 1'111 hommes. — Quelle est la somme à

leur distribuer, pour qu'en donnant 1 fr. à chacun, il reste 583 fr. pour la caisse de retraite ?

274. — Un rentier paye pour son loyer 408 fr., pour sa nourriture 869 fr., pour son entretien 426 fr., il fait une rente de 478 fr. à chacun de ses deux enfants : il lui reste au bout de l'année 1'574 fr. — Quel est son revenu ?

275. — Un banquier reçoit de son correspondant un billet de 2'745 fr., à son ordre ; une lettre de change de 4'853 fr., un sac de 600 fr., un de 900 fr. et un autre de 1'295 fr. — Combien a-t-il reçu en tout ?

276. — Un peintre a vendu 5 tableaux aux prix respectifs de 845 fr., 1'768 fr., 2'900 fr., 4'000 fr., et 7'000 fr. — Quelle somme a-t-il reçue ?

277. — Un entrepreneur a reçu pour la construction d'une route : 1o 2'548 fr., 2o 2'876 fr., 3o 4'231 fr., 4o 5 432 fr. ; il doit encore recevoir 5'876 fr. — A combien avait été adjugée cette entreprise ?

278. — On compte en France 35'921 communes au-dessous de 1'500 âmes , 657 de 1'500 à 3'400 ; 273 de 3'400 à 5'000 ; 316 de 5'000 à 20'000 ; et 37 au-dessus de 20'000 âmes. — Quel est le nombre des communes en France ?

279. — Un marchand a acheté dans le cours de cette année : 1o 1'253 mètres de drap pour 17'483 fr., 2o 613 mètres pour 8'349 fr., 3o 928 mètres pour 10'432 fr., 4o 851 mètres pour 9'647 fr., 5o 617 mètres pour 9'668 fr. — On demande combien il a acheté de mètres de drap et combien il a payé pour ces achats ?

280. — On demande le poids total de 5 voitures. La première pèse 3'574 kilogr.; la deuxième 10'400 kilogr.; la troisième 8'607 kilogr.; la quatrième 6'513 kilogr.; et la cinquième 3'821 kilogr.?

281. — 5 héritiers ont eu chacun leur part d'une succession. Le premier a reçu 12'540 fr.; le deuxième 8'760 fr.; le troisième 6'432 fr.; le quatrième 5'234 fr.; et le cinquième 3'575 fr. — A combien montait la succession ?

282. — Un fabricant a dépensé 4'057 fr. pour l'entretien de sa maison, 6'348 fr. pour les réparations de son usine, 45'739 fr. pour une machine à vapeur. Il a perdu ensuite 27'936 fr. dans une faillite, puis il a payé 5'389 fr. pour intérêts d'argent emprunté, et cependant sa caisse est tout aussi riche qu'au commencement de l'année. — Quel a été son bénéfice net, dans cette année ?

283. — Un propriétaire achète une maison sur laquelle il acquitte les frais montant à 3'546 fr., il donne 26'000 fr. comptant, 14'900 fr. deux mois après, il souscrit pour 13'954 fr. de lettres de change, et solde le reste au bout d'un an par un billet de 12'654 fr.—A combien lui revient sa maison ?

384. — En 1851, la ville de Lille avait 75'795 habitants, Arras, 25'271, Amiens, 52'149, Rouen, 100'265 , Metz, 57'713, Reims, 45'751. — On demande la population de ces 6 villes ?

385. — Dans l'année 1831, il a été consommé à Paris, 61'720 bœufs,

14'389 vaches, 62'867 veaux, 288'203 moutons, 76'741 porcs et sangliers. — On demande le total de ces animaux ?

286. —Quatre personnes ont eu à se partager une certaine somme. La première a eu 25'649 fr. ; la deuxième 7'516 fr. de plus que la première ; la troisième 974 fr. de plus que la deuxième ; et la quatrième autant que les trois premières, plus 8'415 fr. — Combien a reçu chacune de ces personnes, et quelle était la somme qu'elles ont eue à se partager ?

287.—La population de la Martinique est d'environ 109'993 habitants; celle de l'Ile de Bourbon, de 97'000 ; celle du Sénégal, de 16'130 : celle de la Guyane française, de 17'331 ; et celle de la Guadeloupe, de 112'113. —Dites combien il y a d'habitants dans ces 5 colonies ?

288. — En 1841, l'arrondissement de Saumur avait 94'021 habitants, 7 cantons, 86 communes ; 2º celui de Baugé 80'495 habitants, 6 cantons, 66 communes ; 3º celui d'Angers 144'793 habitants, 9 cantons, 88 communes ; 4º celui de Beaupréau 110'071 habitants, 7 cantons, 75 communes ; 5º celui de Segré 59'092 habitants, 5 cantons, 61 communes.—Combien y avait-il donc d'arrondissements, de cantons, de communes et d'habitants dans le département de Maine-et-Loire ?

289. —. En 1842, la consommation de la ville de Paris en boissons diverses a été :

En vins....................	de	964'107 hectolitres.
— eau-de-vie	de	48'390
— cidre et poiré...........	de	15'508
— vinaigre	de	18'146
— bière................ .	de	147'191

— A combien d'hectolitres s'est-elle élevée ?

290 — La population du département de la Seine-Inférieure est répartie de la manière suivante en 5 arrondissements, savoir : celui de Rouen 238'805 habitants ; celui de Dieppe 112'427 habitants ; celui du Havre 142'292 habitants ; celui d'Yvetot 142'680 habitants et celui de Neufchâtel 84'321 habitants. —Quelle est la population du département ?

291. — En 1841, l'arrondissement de Segré comptait 59'092 habitants ; il y en avait 21'403 de plus dans celui de Baugé ; l'arrondissement de Saumur en comptait 13'526 de plus que celui de Baugé ; l'arrondissement de Beaupréau renfermait 16'050 habitants de plus que celui de Saumur, et l'arrondissement d'Angers en comptait 34'722 de plus que celui de Beaupréau. — On demande quelle était, à cette époque, la population de chacun de ces arrondissements et celle du département de Maine-et-Loire ?

292. — Cinq héritiers se sont partagé une succession. Le premier a pour sa part 628'347 fr. ; le deuxième a 1'598 fr. de plus que le premier ; le troisième a 650 fr. de plus que les deux premiers ensemble ; le quatrième a autant que le premier et le troisième ensemble ; enfin, le cinquième a 2'000 fr. de plus que ce qui revient à tous les

autres. — Quelle est la part de chaque héritier et à combien se montait la succession ?

293. — En 1842, on a mangé à Paris 352'346 kilogr. de pâtés, écrevisses et homards, 2'908'370 kilogr. de viande à la main, 1'120'220 kilogr. de charcuterie, 1'644'250 kilogr. d'abattis et issus, et 1'361'184 kilogr. de fromage.—Quelle a été la consommation de ces 5 articles ?

294. —Quelles sont la population et la superficie de l'Ile-de-France qui a formé les 5 départements suivants : 1o celui de la Seine, le plus peuplé, a 1'422'065 habitants et 47'298 hectares ; 2o celui de Seine-et-Oise, dont la population est de 471'882 âmes, et la superficie de 549'636 hectares ; 3o celui de Seine-et-Marne qui a 345'076 habitants et 601'005 hectares de superficie ; 4o celui de l'Aisne, dont la population se monte à 558'989 habitants et la superficie à 753'137 hectares ; 5o et celui de l'Oise qui renferme 406'028 habitants et a une superficie de 608'250 hectares ?

295.—La population du Globe est évaluée, savoir : pour l'Europe, à 222'393'000 habitants ; pour l'Asie, à 521'150 000 habitants ; pour l'Afrique, à 108'000'000 ; pour l'Amérique, à 43'295'000 ; et pour l'Océanie, à 30'000'000. — On demande, d'après cela, la population de toute la terre ?

296. — On compte en Océanie 30'000'000 d'habitants ; en Amérique 13'295'000 de plus ; en Afrique 64'705'000 de plus qu'en Amérique ; en Europe 114'393'000 de plus qu'en Afrique ; et, en Asie, 117'462'000 de plus que dans les autres parties réunies. —Quelle est donc la population de l'Asie ?

Ve SECTION CONTENANT 36 PROBLÈMES AYANT CHACUN

SIX NOMBRES OU PLUS.

297. — Un ouvrier travaille régulièrement pendant les 6 jours de la semaine et gagne chaque jour 6 fr. ; un autre ouvrier travaille, seulement 4 jours et gagne 8 fr. par jour. —Quel est celui qui gagne le plus ? — *(Ce problème doit être résolu par l'addition.)*

298. — Un marchand vend 6 pièces de velours : l'une contient 15 mètres ; une autre 16 mètres ; la troisième 12 mètres ; la quatrième 11 mètres ; la cinquième 9 mètres ; la sixième 13 mètres.—Combien ces 6 pièces contiennent-elles de mètres en tout ?

299. — Un entrepreneur a 6 ouvriers. Il donne au premier 12 fr. par semaine ; au deuxième 13 fr. ; au troisième 15 fr. ; au quatrième 16 fr. ; au cinquième 18 fr., et au sixième 27 fr. — Quelle somme donne-t-il en tout ?

300. — Un écolier a reçu un demi-kilogr. de dragées. Il en a donné 25 à sa sœur, 20 à son cousin, 15 à un de ses camarades ; il en mange 18, se propose d'en offrir 12 à un ami et en garde 28. — De combien de dragées le demi-kilogr. était-il composé ?

301. — Un brasseur expédie dans un jour 15 hectolitres de bière ;

le lendemain 18 hectolitres ; le troisième jour 24 hectolitres ; le qua trième 30 ; le cinquième 19 ; le sixième 17 de plus que le premier. — Combien a-t-il expédié d'hectolitres dans la semaine ?

302. — Combien de jours renferment les 6 premiers mois de l'année ? Janvier a 31 jours ; février en a 28 ; mars 31 ; avril 30 ; mai 31 et juin 30.

303. — Un ouvrier a économisé pendant le mois de janvier 22 fr., pendant le mois de février 19 ; en mars, il a mis de côté 21 fr., en avril 23, en mai 27 et en juin 35. — Quelle somme a-t-il économisée pendant ces 6 premiers mois de l'année ?

304. — Un marchand veut connaître quelle est sa recette de la semaine. Lundi il a vendu pour 29 fr. ; mardi, pour 38 fr. ; mercredi, pour 17 ; jeudi, pour 26 ; vendredi, pour 19, et samedi, pour 48.

305. — Un propriétaire récolte dans une année 18 hectolitres de vin ; une autre année 23 ; une troisième année 36 ; une quatrième 17 ; une cinquième 25 ; une sixième 38.—Combien en a-t-il récolté d'hectolitres dans ces 6 années.

306. — Un nommé Antoine, sixième du nom, vécut 97 ans, le cinquième Antoine l'eut à 32 ans, et il naquit à l'époque où son père, quatrième Antoine, comptait 39 ans. Le troisième Antoine avait 45 ans lorsqu'il lui vint un fils, et à sa naissance, son père, deuxième Antoine, en était à sa 54e année. Enfin, le premier Antoine vit naître le deuxième à 25 ans. — Combien de temps a duré cette famille ?

307. — Une ouvrière a travaillé 6 mois dans la même maison ; on lui a donné le premier mois 65 fr., le deuxième 56, le troisième 63, le quatrième 59, le cinquième 46, et le sixième 67. — Combien a-t-elle gagné ?

308. — Un entrepreneur a occupé des ouvriers pendant 6 jours : le premier jour ils ont fait 8 mètres d'ouvrage, le deuxième jour ils ont fait 9 mètres de plus que le premier jour, et chaque jour ils ont fait 9 mètres de plus que le jour précédent. — On demande combien ils ont fait de mètres le sixième jour et combien en tout ?

309. — Un cultivateur a acheté, dans la première année de son établissement, 25 ares de terre, dans la troisième 59 ares, dans la sixième 129 ares, dans la huitième 247 ares, dans la douzième 480 ares et dans la quinzième 745 ares. — Combien possédait-il de terre au bout de 15 ans ?

310. — Un aubergiste a débité dans une semaine 6 pièces de vin : l'une de 116 litres, la deuxième de 133 litres, la troisième de 138 litres, la quatrième de 201 litres, la cinquième de 147 litres, la sixième de 98 litres. — Combien de litres a-t-il débités en tout ?

311. — Un entrepreneur qui occupe une troupe d'ouvriers, fait le relevé de leurs journées, et trouve que celles du lundi lui occasionnent une dépense de 532 fr., celles du mardi 437 fr., celles du mercredi 329 fr., celles du jeudi 620 fr., celles du vendredi 413 fr., et celles du samedi 514 fr.— Dire quelle somme il lui faut pour payer la dépense totale de toute la semaine ?

312.—Quelle est la longueur de 6 rues. La première a 425 mètres, la deuxième 398 mètres, la troisième 475 mètres, la quatrième 736 mètres, la cinquième 573 mètres et la sixième 890 mètres ?

313. — Un courrier récapitule les voyages qu'il a faits dans son année. Le premier voyage il a parcouru 1'125 kilomètres ; le second 1'070 ; le troisième 204 ; le quatrième 290 ; le cinquième 307 ; et le sixième 545. — Combien a-t-il parcouru de kilomètres ?

314.— Une commune renferme 297 enfants au-dessous de 15 ans, 409 jeunes gens de 15 à 20 ans, 1'586 hommes et femmes de 20 à 40 ans, 879 individus de 40 à 60 ans, 246 personnes de 60 à 80 ans, et 37 vieillards de 80 à 100 ans. — Quelle est la population de cette commune ?

315. — Les décès enregistrés à l'état-civil de la ville de Paris pour 1844 sont divisés ainsi qu'il suit :

DÉCÈS.			
	A domicile.	Sexe masculin	7673
		féminin......	8683
	Dans les hôpitaux civils.	masculin.....	5064
		féminin......	4990
	Dans les hôpitaux militaires.............		465
	Dans les prisons.	masculin.....	130
		féminin......	35
	Dépos's à la morgue.	masculin.....	241
		féminin......	57
	Exécutés	masculin.....	2

— Quel a été le nombre des décès pour chaque sexe, pour les deux sexes réunis en 1844 ?

316. — Un débiteur a donné pour premier à-compte sur sa dette 2'718 fr. ; pour deuxième à-compte, 987 fr. ; pour troisième à-compte, 4'258 fr. ; pour quatrième à-compte, 582 fr. ; pour cinquième à-compte, 1'739 fr., et pour solde, 6'715 fr. — Combien devait-il ?

317. — L'armée de terre de la Hollande comptait en 1831 :

60 bataillons d'infanterie régulière à 800 hommes.........	48'000
8 régimens de cavalerie (4 cuirassiers et 4 légers)........	4'800
30 compagnies d'artillerie (150 pièces)..................	3'000
6 compagnies de mineurs........................ ..	750
34 bataillons de garde urbaine...	12'000

— Combien comptait-elle d'hommes en tout ?

318.—Les principales villes du département de la Seine-Inférieure sont : Rouen, qui a environ 92'000 habitants ; le Havre, qui en a 26'000 ; Dieppe, qui en a 17'000 ; Elbeuf, qui en a 13'000 ; Yvetot, qui en a 9'000 ; et Neufchâtel, qui en a 3 000.—Combien d'habitants y a-t-il ensemble dans ces villes ?

319. — L'arrondissement de Rochefort compte 73'058 hectares de superficie : il y en a 727 de plus dans celui de Marennes ; l'arrondis-

sement de la Rochelle en compte 6'384 de plus que celui de Marennes ; l'arrondissement de Saint-Jean-d'Angely contient 51'899 hectares de plus que celui de la Rochelle ; l'arrondissement de Jonsac en compte 11'055 de plus que celui de Saint-Jean-d'Angely ; l'arrondissement de Saintes contient 9'359 hectares de plus que celui de Jonsac. — On demande quelle est la superficie de chacun de ces arrondissements et celle du département de la Charente-Inférieure ?

320. — En 1841, l'arrondissement de Douai comptait 94'573 habitants ; il y en avait 2'265 de plus dans celui de Dunkerque ; l'arrondissement d'Hazebrouck en comptait 9'021 de plus que celui de Dunkerque ; l'arrondissement de Valenciennes en renfermait 24'182 de plus que celui d'Hazebrouck ; l'arrondissement d'Avesnes en comptait 2'264 de plus que celui de Valenciennes ; l'arrondissement de Cambrai en avait 25'037 de plus que celui d'Avesnes, et l'arrondissement de Lille en comptait 152'087 de plus que celui de Cambrai.— On demande quelle était, à cette époque, la population de l'arrondissement de Lille ?

321 — En 1836, il est mort en France 390'380 individus du sexe masculin et 381'320 du sexe féminin ; — en 1837, 440'007 masculins et 438'694 féminins ; — en 1838, 426'899 masculins et 419'300 féminins ; — en 1839, 391'765 masculins et 388'835 féminins ; —en 1840, 410'853 masculins et 405'633 féminins ; — en 1841, 409'128 masculins et 395'634 féminins. — Combien dans ces six années est-il mort d'hommes ? combien de femmes, et combien d'individus en tout ?

322. — En 1836, il est né en France 979'820 individus ; en 1837, — 943'349 ; en 1838, — 961'476 ; en 1839, — 957'740 ; en 1840, — 952'318 ; en 1841,—976'929.— Combien est-il né de personnes pendant ces 6 années ?

323. — En 1831 on a consommé à Paris pour 3'415'159 fr. de marée ; pour 702'180 fr. d'huîtres ; pour 477'610 fr. de poissons d'eau douce ; pour 6'426'618 fr. de volailles et de gibiers ; pour 9'117'091 fr. de beurre, et pour 3'904'887 fr. d'œufs. — Combien a-t-on payé pour ces divers comestibles ?

324. — Les ventes faites sur les marchés publics de Paris, ont produit en 1842 :

COMESTIBLES.	Pour la marée	6'051'676 f.
	— les huîtres.	1'532'640
	— le poisson d'eau douce.	599'462
	— volailles et gibiers....	10'080'091
	— beurre.............	12'082'532
	— œufs	5'934'100

— A combien s'élève la vente de ces divers articles ?

325. — Quelle est la population de l'Europe sachant qu'elle renferme environ 113'090'000 catholiques, 56'000'000 grecs schismatiques. 47'000'000 réformés, 4'000'000 mahométans, 2'223'000 juifs et 70'000 idolâtres ?

326. — Une succession a été ainsi partagée. Un premier héritier a

eu 14'560 fr.; un deuxième 8'290 fr. ; un troisième 5'800 fr. De plus 5'600 fr. ont été légués aux hôpitaux, 1'209 fr. à la commune, 564 fr. au presbytère, et 1'800 fr. distribués aux pauvres. — On désire connaître la fortune du défunt ?

327. — De combien de litres, et de quelle valeur en francs a été l'exportation des vins de la France, en 1843, d'après les détails suivants :

	litres.		fr.
Vins ordin. en futailles de la Gironde,	40'373'758	valant	18'232'020
Vins ordin. en futailles des autres dép.	94'505'901	—	18'901'180
Vins ordin. en bouteilles de la Gironde	2'157'651	—	4'315'302
Vins ordin. en bouteilles des autres dép.	5'054'490	—	5'054'480
Vins de liqueurs en futailles	318'122	—	477'183
Vins de liqueurs en bouteilles.......	565'035	—	847'553

328. — La Guyenne a formé 9 départements, savoir : 1o la Gironde, qui compte 614'387 habitants ; 2o la Dordogne, qui renferme 505'789 âmes ; 3o le Lot-et-Garonne, dont la population est de 311'345 habitants ; 4o le Lot, qui renferme 296'224 habitants ; 5o l'Aveyron, dont la population s'élève à 394'183 âmes ; 6o le Tarn-et-Garonne, qui compte 237'553 habitants ; 7o les Landes, dont la population est de 302'196 âmes ; 8o le Gers, qui renferme 307'479 habitants ; et 9o les Hautes-Pyrénées, dont la population est de 250'934 âmes. — D'après cela, on demande quelle est la population de cette province ?

329. — En France la récolte des céréales était, en 1844, d'environ 62'000'000 hectolitres de froment, de 11'000'000 hectolitres de méteil, de 30'000'000 hectolitres de seigle, de 17'000'000 hectolitres d'orge, de 45'000'000 hectolitres d'avoine, de 7'000'000 hectolitres de sarrazin, de 6'000 000 hectolitres de millet et maïs, de 3'000 000 hectolitres de légumes secs, de 4'000 000 hectolitres d'autres menus grains. — Combien a-t-on récolté d'hectolitres en tout ?

330. — A la fin de l'année 1826, on comptait, en Espagne, 61 archevêques et évêques, 2'363 chanoines, 1'869 prébendés, 16'481 curés, 4'929 vicaires, 26'499 bénéficiers de divers ordres, 1'367 ermites, 61'327 religieux et 31'406 religieuses. — Quelle était la population du clergé espagnol à cette époque ?

331. — En 1821, la ville de Berlin avait 6'540 maisons, 192'646 habitants ; Hambourg, 8'124 maisons et 106'920 habitants ; Francfort-sur-le-Mein, 3'647 maisons et 41'000 habitants ; Brême, 5'350 maisons et 37'028 habitants ; Munich, 3'163 maisons et 60'024 habitants ; Madrid, 7'398 maisons et 280'000 habitants ; Venise, 15'000 maisons et 109'779 habitants ; Birmingham, 16'403 maisons et 85'793 habitants ; Dublin, 24'142 maisons et 242'135 habitants ; et Copenhague, 3'663 maisons et 65'474 habitants. — Combien de maisons et combien d'habitants avaient alors ces villes ensemble ?

332. — Dans les 12 dernières années, un vigneron a fait successivement 2'169 litres de vin, 17'348 litres, 1'245 litres, 3'895 litres, 18'567 litres, 2'386 litres, 2'069 litres, 20'527 litres, 1'470 litres, 5'308 litres, 19'257 litres et 958 litres. — Quel a été le produit de ses vignes dans ces 12 dernières années ?

FIN DU PREMIER CAHIER.

9 782013 034418